欲望动力心理学书系

21世纪经典原创理论推荐与精选

欲望的世界

欲望与认知心理学

人类欲望层次与认知层次同步共轭理论模型

张振学 / 著
zhang zhenxue

中国商业出版社

图书在版编目（CIP）数据

欲望的世界．Ⅰ，欲望与认知心理学 / 张振学著．-- 北京：中国商业出版社，2016.7

（欲望动力心理学书系）

ISBN 978-7-5044-9504-4

Ⅰ．①欲…　Ⅱ．①张…　Ⅲ．①欲望 Ⅳ．① B848.4

中国版本图书馆 CIP 数据核字（2016）第 163545 号

责任编辑：朱丽丽

中国商业出版社出版发行
010-63180647　www.c-cbook.com
（100053 北京广安门内报国寺 1 号）
新华书店经销
北京洲际印刷有限公司印刷
*
710×1000 毫米　16 开　14.5 印张　175 千字
2017 年 5 月第 1 版　2017 年 5 月第 1 次印刷
定价：39.80 元
* * * *
（如有印装质量问题可更换）

致 谢

一直以来，我们似乎都被一个共性的问题所困扰：快乐与烦恼总是频繁交替地出现在我们的生活中，几乎每一天都在搅扰着我们的心灵难得安宁。小时候，我们哭着哭着就笑了；长大后，我们笑着笑着就哭了。那么请问，有谁知道我们的心情为什么总是处于如此这般的波动起伏之中呢？我们的心灵天空为什么总是一会阴一会晴呢？

后来，再后来，我终于找到了问题的根源所在，那就是，我们每个人自打出生之日起，便都不可避免地坠入了欲望的世界里。巡睃着眼花缭乱的人间万象，我们心神摇荡，迷离惝恍，不知所从。无论我们怎样努力，似乎也摆脱不掉欲望之魔的蛊惑与纠缠。我们因此而惊惶失措地意识到，如果不能解决好欲望问题，如果不能把欲望解释清楚，我们将永无解脱之日，永无释怀之时。于是，为了寻求人生的解脱与心灵的安宁，我开始把关注的目光转向了欲望的世界，并将它作为专门的课题进行了长期的探索和研究。

然而随着研究的不断深入，我发现人类欲望问题几乎与宇宙中的一切事物和所有问题都交织在一起，很难给出一个明确的边界。为此，我陆续阅读了古今中外大量的哲学、心理学、物理学、认知神经科学等经典著作，从柏拉图、亚里士多德、笛卡尔、斯宾诺莎、康德、黑格尔、弗洛伊德，到牛顿、爱因斯坦、普朗克、麦克斯韦、薛定谔、德布罗意，再到达尔文、巴甫洛夫、詹姆斯、马斯洛、皮亚杰，等等，正是他们思想的璀璨光辉，将我心中的宇宙照亮，将人类欲望的世界照亮，并使我有条件援引和借鉴他们优秀的理论成果作为阐述本书系观点的强大支撑。我为此要特别感谢历史上这些学术巨人们的慷慨赐惠。我对他们充满了无限敬意！

而当今时代更是一个群英荟萃、大师辈出的时代！全世界各地的科学家以异乎寻常的力量，不断推出一个又一个惊人的发现，使现代基础科学的天空不断放射出奇光异彩，使人类的世界观不断发生巨大的改变！人类主客观两个世界在现代物理学所建构的统一理论模型中有可能正在合并为一个特殊的奇点，一旦将这个奇点揭秘出来，整个世界都将为之震撼！人类对于世界的解释可能由此发生一场天翻地覆的革命。新时代科学巨匠们的惊世发现和优秀理论成果，更为我研究欲望问题增添了新鲜的活力，提供了诸多非常直接的有益启示，我在此向这些伟大的科学家们表达深深的敬仰和谢意！

同时，我还要感谢本书系的文字校对、内文排版、封面设计等工作人员的辛勤努力，他们连续加班加点地工作，大大加快了本书系出版的进程，我对他们的热心和勤奋充满了感动。

我也要感谢一位未满 16 岁的绘画少女。她用她天才的绘画技能帮助我完成了内文中几幅人物漫画插图的绘制工作。

最后，我更要衷心感谢出版社的编辑们。他们为本书系的出版做了大量辛苦的审读工作，并提出了很多宝贵建议，使得本书系能够以如此精美的面貌呈现在读者面前。

正是得益于如此众多人的福赐与成全，才使得本书系的创作过程成为一种令人激动而愉悦的经历。我对所有支持我的人深表感激，当然也包括所有阅读本书系的读者。

作　者

2017 年 4 月于北京

目　录
Contents

第二篇 欲望层次理论
——欲望产生的认知路线图

本性欲望自发生以后，便成为人类其他欲望及其一切活动的最原始的内驱力，人类的认知活动、心理活动和意识活动也正是从这个时序和环节上开始萌动，并藉此形成比较完整的人类智能流和意识流。

认知层次不但决定了我们的意识方向、心理取向、情绪倾向和精神境界，也决定了我们的目标选择、策略选择和行为选择。

前言：一本解释世界并改变自我的书

本书系将欲望作为具有开端意义的学科门类进行研究，并以物理学为依托，以生理学为基础，以心理学为导向，以认知神经科学为介质，以欲望作为人类主观世界的第一推动力，借助欲望层次理论和自我质能结构理论模型，构筑了一个规模宏大、经纬万端、独出机杼的理论体系，藉此演绎并绘制了人类精神宇宙的巨幅画卷。从此，人类主观世界的大门在欲望力所指引的方向上被一脚踹开，虽是庭院深深，红尘滚滚，却是三观尽显，一览无余！

同时，我们借助主观世界不断闪烁的幽微的光芒，一路走去，甚至还惊异地发现了主客观两个世界所存在的奇点性契合与叠加，进而别具只眼地领略到了客观物质世界的发生与发展的神奇风貌和诡异踪迹。

欲望动力心理学是为了让人们更好地了解人类欲望与生理机能之间的关系、人类欲望对精神宇宙的形成和发展所具有的特殊驱动作用、人类欲望与心理的本质以及由此产生的行为与表现，从而更理性地把握自身言行、更准确地解读他人动机，并藉此恰到好处地处理社会关系和引导人类文明未来走向的一门新兴科学。

人类的所思所言，所作所为，无一不源于自身欲望的诱使和驱动，人类社会的一切现行状态、一切人文成果和客观面貌无一不掩映着欲望碾轧的辙痕，无一不是内心的欲望在外部世界绽开的魔幻之花。这是对于人类整体而言的。对于人类个体而言，也莫不如是。

任何人的所思所想，所言所行，无不串掇着无形的欲望的丝线，无不是自身内在欲望的展露与体现。表面上的成功或失败，平凡或卓越，顺利或坎坷，平安或灾难，吉凶或福祸，等等，无一不是源于内心欲望的蛊惑、诱使、感召和驱动而造成的一种客观现状和自我感受。

社会要求每个人都要把握好自己的言行，规范好自己的言行，其实从根本上说就是要求人们把握好和规范好自己的欲望以及对欲望的表达方式与表现分寸，从而更好地适应社会，适应自然，适应各种不断变化着的生存环境。

同理，如何把握好或规范好别人的言行，其实也是如何把握好和规范好别人的欲望的问题。特别是作为各行业、各领域的领导者或管理者而言，不但要善于把握好自己的欲望坐标，也要善于把握好别人的欲望曲线，从而才能更好地实现有效领导和科学管理。

欲望动力心理学不但能帮助你实现梦寐以求的夙愿和理想，让你的人生获得可期待的幸福和满足，而且还能有效地帮助你避开“欲壑难填、利欲熏心”的罪恶的渊薮；不但让你更全面和更深刻地认识和改造外部客观世界和人类主观世界，而且也能让你更准确和更现实地认识自己、改造自己、完善自己和提升自己；不但让你更有分寸地把握欲望底线，让欲望之手成为推动自己前进的动力，绝不让欲望的无底洞成为蛊惑自己抬脚踏空的人生陷阱，而且也可以让你在为人处世、职场交际、商场运营、员工管理、社会治安以及化解各类社会矛盾纠纷等过程中更好地揣摩和洞察别人的欲望脉搏，让欲望之衡成为丈量别人品德与意志的尺度，让欲望之力成为引导和激发别人产生特定行动的精神号角。

可以说，欲望动力心理学就像一剂良药，既能养生又能健体，既能治病又能防疾，不但可以使自己的人生功德圆满，而且也可以对别人的七情六欲洞幽烛微，并施以恰当的指教、规范、训诲与管理。

当然，研究欲望动力心理学的功用还远不止于此。按照法国哲学家德勒兹与精神分析学家伽塔利的观点，欲望者同时还是一台创造和生产世界人文万物的“机器”，在西方被广泛描述为“欲望机器”，即在宇宙系统与社会伦理关系中，有一种普遍存在的对偶或对称关系。此即对立者或对应者的永恒轮回，永恒重复。它是因主体向往获得某物或达到某种目的而自行运转、产生能量、并经由零件与要素组成的一种特殊装置。

我认为这台特殊装置不但可以将客观世界映照、投射、拼接、组合、演绎为主观世界，而且也能将主观世界辐射、描摹、仿造、复制、落实为客观世界。正像人类看到飞鸟便会产生飞的想法，而后便能制造出飞机；看到美的景观便会产生美的蓝图，而后便能创造出丹青；看到野兽奔跑便会产生追赶的念头，而后便能制造出汽车；看到好的人物便会产生爱的欲望，而后便能施与爱的情感，如此等等，皆可理解为欲望机器在工作，在运转，在生产，在创造。通过这台机器，客观的现实似乎都可以变幻为主观的梦想，而主观的梦想似乎也都可以演变为客观的现实。

欲望作为一种“对缺乏者的抱憾”，蕴藉了愿望、想往、要求、欲求、物欲、性欲、肉欲等所想要的东西，与此同时排斥其反义领域的诸如疼痛、苦闷、轻蔑、冷漠、惰性、恐慌、忧虑、厌恶、不安、无视等不想要的东西。机器作为一种创造工具或研发器械，也涵盖了具有机械装置或类似器械装置的诸如工具、器物、火车头、计算机、机器人、动物机体、身体器官、机构、机关、文学创作、绘画作品、雕刻作品、影视作品，以及人、东西、地球、宇宙、基本粒子等可以实现人类意图的一切事物。“欲望机器”把技术、技艺、力量、观念、理想、精神、计算、缝纫、打印、复制、传输、虚拟处理、翻译、战争、航海、交通、舞台、人、动物、政治、社会、经济、艺术、世界等统统融入其中，并试图像变戏法一样将这些东西一一研发和制造出来。

这就是说，人类的一切文明成果和不文明成果，无一不是欲望生产和制造出来的，这也许就是“欲望机器”之概念被提出来的重要意义。

因此，研究欲望动力心理学不仅可以造福于个人，也可以造福于社会，不仅可以解读内在的主观世界，也可以解读外在的客观世界，不仅可以解读自然景观的形成之妙，还可以解读人文景观的形成原理。

就简单的社会个体意义而言，人在自我认识与自我保护方面（内部力量）要寻求最大限度的满足，有赖于得到他者力量（外部力量）的呼应、支持与配合，也正是在内部力量与外部力量的相互合作、竞争、交融的共同作用下，作为人的自我才能不断成就自身、满足欲求、净化心灵、提高素质，从而达到改善环境、美化生活、实现幸福的目的。

欲望在帮助你成功把握前进方向的同时，还能帮助你有效地洞穿和驾驭他人的欲望，使他人的欲望目标与自己的欲望相契合，然后借势而动，借力而行，轻松而高效地达成自己的目标。这一点，对于领导者来说尤其重要，它同时还是一种有效管理下属、带动下属和激发下属工作积极性的高明的管理手段。

欲望如火。生活中我们知道，只有用适当的火苗才能为自己烹食煮饭，保暖护身；火苗太大，不但可能会烧着自己，也可能会烧着别人；而别人的欲望之火太大，在烧着他自己的同时，也要小心烧着你、烧着其他人。所以，欲望之于人、之于社会都是一种不可小觑和利害攸关的事件。

同时，我们还会认识到，人们的一切活动都是为了寻求欲望的满足，为其喜，为其忧，为其忙，为其休，人生的每一种感受，比如喜怒哀乐忧思惧等等，都是由欲望决定并创生的。欲望就是串连人生一切心理和行为的不可见的细线。印度20世纪哲学家、心灵导师克里希那穆提也曾说过："对欲望不理解，人就永远不能从桎梏和恐惧中解脱出来。如果你摧毁了你的欲望，可能你也摧毁了你的生活。如果你扭曲它，压制它，你摧毁的可能是非凡之美。"

欲望并非人类所特有，一切生物都不同程度地具有诸如生命欲、生长欲、生存欲、生理欲等不同的欲望表现形式，特别是动物，同人类一样也具有食欲、性欲、安全欲、自由欲以及与生存群体或地域环境等相关的情感欲或归属欲。人类是高级动物，不仅智力发育的水平高，改造自然的能力强，谋求生存的本领大，而且欲望水平和敏感度也比其他一切生物或动物都要高级很多，无论在欲望的数量上还是在欲望的质量上、层次上，人类的欲望都是其他生物或动物所无可比拟的。

具体来说，欲望动力心理学所研究的内容，不但包括人作为动物的本能需求及其反应，还包括人作为社会成员的物质需求和精神需求及其反应。

关于这一点，马斯洛的需求层次论已做了较为详细的论述。这使欲望动力心理学兼具了生物学和社会学的性质。同时，欲望动力心理学所研究的是关于欲望形成的心路历程，即人从欲望发起至产生动作行为的整个心理活动和满足过程，这使欲望动力心理学与行为动机理论有了交集的内涵。欲望有着相当强的自利性，欲望的过度贪婪必然要冒犯到道德和法律的界限，因而欲望动力心理学又与道德学、法制学和管理学牵扯到一起。

再详细点说，欲望动力心理学既要研究人的生存、繁衍的本性，又要研究人的性格、意志、思维、意识、爱好、情感、理性、信仰、精神、品质等特性，以及由此而形成的人生观、世界观、价值观，还要研究人与人之间的关系，人与社会、团体、组织之间的关系，研究人因欲望而形成的善恶念头及行为准则，研究人因欲望而对社会产生的积极作用和消极作用，研究人看得见摸得着的显性的物质需求，研究人看不见摸不着的隐性的精神需求。

同时，欲望与需求两者既有联系又有本质上的差别。

①欲望诞生于需求与要求的裂缝中。拉康曾经指出：“在有关欲望方面，我们觉得不可归结为要求的理由，也同样使它不等同于需求。”拉康将欲望、要求、需求区分开来，认为需求是指人机体的需要，隶属

于生理学的范畴；要求是指对爱的要求，它涉及的是一种人际互动；而欲望则是诞生于需求和要求的裂缝中，“在要求和需求分离的边缘中欲望开始形成”。

②欲望“内核于需求而存在”，需求“外缘于欲望而产生”。欲望是产生需求的根本动因，需求是欲望产生之后的递进反应；就是说，先有欲望然后才有需求。对人类自身来说，需求的本质是欲望，欲望的本质是人性，人性的本质是生理，生理的本质是生命。

应该说，欲望动力心理学是一门横跨哲学、生物学、生理学、人类学、医学、解剖学、脑科学、认知神经科学、社会学、道德学、政治学、经济学、行为学、法制学、犯罪学、精神现象学、宗教学等多学科的人学，是对人性深层最本质的透视学。

它的研究对象是人，核心内容是研究人的生理功能及其产生的意志反应，并将人的肉体和精神辩证统一，以物质性的肉体生理为基础，藉此推导出人的心理、情绪、情感、意识、理性、思想和精神等形成的轨迹和管道。它面向个体和世界，反思自我并提升自身，管理别人并规范自己。它关注人的心灵世界，追寻生命的意义，并为个体找到最合适的存在方式，为群体找到最合适的相处方式。它是研究关于人对于欲望追求的本质、行为、现象及其产生、运动、发展、变化规律的新兴科学。

因而，欲望动力心理学对人生、对社会、对整个人类文明都有着极其广泛、深刻的指导作用。

欲望是来自于人类的精神世界还是来自于人类的物质世界？这个问题似乎也有着许多令人困惑的模糊边界。因为人类除了与生理有关的欲望之外，还有许多心理欲望或精神欲望。心理的东西或精神的东西一直以它与物质世界相对应的姿态二元于人类的观念中，并成为哲学家们争论不休的永恒话题。

随着科学的高速发展，人类对物质世界各种规律的认识已日臻清晰，而对于精神世界的认识却依然踯躇不前。有关于欲望、心理、心灵、情绪、意识、灵魂、观念等精神内容一直散发着诱人的魅力，并吸引着无数哲人志士为此苦思冥想，上下求索。但遗憾的是，人们对这个神秘王国的上层建筑和物质基础，似乎始终不得要领，不得路径而登堂入室，一睹芳容，只能凭借自身有限的表征、以及与其他动物的类比或自造的仪器介质以自证或他证的方式而猜想臆度，于是在大量的关于人类心理世界和精神世界及其来源的讨论中，正确与谬误常常混杂在一起，令人眼花缭乱，不知所宗。

作为人类精神的载体，人心到底什么样，没有人能够探进头去看个究竟，甚至在很长一段时间里，包括中国人在内的很多文明都把“心脏”作为灵魂、心灵、意识“中枢”所在，主宰着人的精神世界。直到笛卡尔的出现，才找到了心灵的真正居所——大脑。笛卡尔认为大脑才是人类心灵起源或发动的中枢。从此，人类洞察心理问题和精神问题的视角开始向“神经问题”的物质层面转身。

在西方哲学史上被公认为第一位哲学家的泰利斯首先提出了“什么是世界本原”的问题，并试图借助经验观察和理性思维来解释世界。亚里士多德认为，“所有的人都主张，研究最初原因和本原才可称为智慧”“智慧是关于某些本原和原因的科学”。[1]我同样也坚定地认为，任何一种学说，都需要有一个开端。“一个哲学的本原，当然也表现了一种开端，但并非主观的，而是客观的，即一切事物的开端”“但是，关于开端问题，近代的仓皇失措，则由于另外一种需要而来，有些人不认识这种需要，他们独断地以为这是有关本原的证明”“开端是逻辑的，因为它应当是在自由地、自为地有的思维原素中，在纯粹的知中造成的。于是开端又是间接的，因为纯知是意识的最后的、绝对的真理”。（以上三段话均引自黑格尔《逻辑学》第一篇，有论。）

1　亚里士多德《形而上学》，中国人民大学出版社，2003年12月第一版，第一卷3-4页。

我们在这里不但要厘清欲望动力心理学的开端，而且还要找到欲望本身的开端，更要通过欲望找到人类心理世界或精神世界的开端，包括智能、知识、意识、思想、情感、智慧、理性、信仰、心灵、灵感、灵魂等起源问题和本原问题，这类问题可以统统称作端问题，而将这些端问题作为研究对象的学问，我们可以称之为端学。端学是研究事物本原或终结的科学，甚至可以不限于精神世界，也包括物质世界的本原问题和终结问题。那么，我在这里所要讨论的欲望动力心理学便是端学研究的正式开端。而欲望则是人们研究一切学科和一切问题的开端。

哲学家尼采在论及欲望时曾遇到了无法突破的思维瓶颈，他认为欲望乃一人之本能与目的之结合，其功利性勿能视，不可见，因此得出了“欲望之论难以尽善人意”的结论。

而本书系试图破解尼采的认识瓶颈，利用理论与现象互证、抽象与形象互补，从多个角度揭开了人类欲望迷离的面纱，洞穿了其深邃的本质特征和诸多表现形式，破解了在欲望驱动下徐徐展开的人类主观精神世界的整体风貌，力图使读者在阅读本书系之后，能对人生产生深刻的感悟和启示，能给自己的欲望在“清心寡欲”和“欲壑难填”之间找到一种最佳的生存位置和自处坐标，并在生活、学习、工作、处世以及改造自我、改造社会、改造自然等实践中获得有益的帮助。

另外，特别值得一提的是，本书系最初冠名为《欲望学》，后来考虑到其中大部分内容属于心理学范畴，遂更名为《欲望心理学》，而这个书名经查证发现被一位美国学者用过了，尽管与我的创作意图和基本观点没有本质的联系，但我还是决定避让一下书名的雷同关系，于是定名为《欲望动力心理学》。

后来随着研究的深入，逐渐发现本书系所阐述的内容与哲学、物理学、宇宙学等学科竟然也存在着特殊的渊源关系，遂以“欲望动力心理学书系”作为总冠名，以“欲望的世界”来界定本书系所涵盖的基本内核，然后再向下细分为若干个专题，每个专题即以一个单行本出版。

我最初的计划是推出八个专题，分别为《欲望与认知心理学》《欲望与意识心理学》《欲望与精神心理学》《欲望与人格心理学》《欲望与行为心理学》《欲望与场域心理学》《欲望与舒适心理学》《欲望与情绪心理学》。

除此之外，我甚至还设想以上述八个专题为基础，进一步创作并出版《欲望与政治心理学》《欲望与经济心理学》《欲望与文化心理学》《欲望与道德心理学》《欲望与法制心理学》《欲望与犯罪心理学》等多部作品。但由于时间所限，未能如愿。

全书系写到2016年的时候，前五本便基本完成了，后面三个专题由于时间关系，仅仅写出了主要观点，未能展开铺陈，不免有些遗憾，但我自觉确实有些倦了，便临时决定把欲望与舒适、欲望与情绪这两个专题全部合并到欲望与场域心理学之中，因为欲望与舒适、欲望与情绪问题虽然未能展开论述和独立成书，但细究起来，它们皆在我创设的欲望场理论的统摄范围之内，也是完全可以自圆其说的，更何况这样安排也并不妨碍这两大课题可以自成体系的特点。

这样，我的《欲望动力心理学书系——欲望的世界》至此算是正式完成了，八个专题合成六本书出版，共计一百多万字，也算是一个不小的工程。如果将来兴致再起，或许有机会可以对后面的诸多专题深研细究，展开论述，以补遗憾，也是可能的。

这里还需要特别说明的是，本书系缘起于现代量子物理学对于哲学和心理学产生的巨大影响，特别是近年来出现的一些惊人的理论成果，更给作者带来了强烈的思想震撼。本书系借用美国著名粒子物理学家和诺贝尔物理学奖得主利昂·莱德曼在《上帝粒子》一书中提出的“上帝粒子”概念，试图借助量子物理学最前沿而奇妙的理论模型，为现代哲学和心理学寻找一种更独特而有趣的逻辑推演方法和证明路径。所以，本书系在探索世界本原问题上，以《圣经 · 创世纪》中上帝的概念开始说起，最后落实到莱德曼所提出的著名的“上帝粒子”的概念，整个讨论过程富有缜密而生动的逻辑推演机趣。我们高兴地看到，为了回答亚里士多德时期既已提出的关于“宇宙第一推动力”的千古疑问，量子物理学家们以其高妙的证明手段，正在逐层剥去套在人们心灵中的宗教外衣和神话色彩，进而为人们确立科学的世界观提供最基本的理论依据。

我在本书系中对于人类欲望的分析和阐述，借鉴了经典物理学和量子物理学大量的研究成果和成熟的理论范式，以独成体系的论证方法，对宇宙演化、物质结构、生命起源、大脑认知等事关人类终极之问的基本问题提供了别开生面的观照视角，开创了一个全新的用以解读人类欲望心理、行为动机、人格品质、自我意识和精神宇宙的理论模型，试图对人类各种心理现象和行为动机做出更精准的数学解释。

鉴于我对于经典物理学特别是量子物理学的理论造诣和理解深度所限，在逻辑架构上和观点阐释上难免存在一些浅见、偏颇、甚至谬误之处，敬请各界专家学者提出宝贵意见，以利本书系在进一步修订和再版时参考和借鉴。

作 者

2017 年 4 月于北京

第一篇　欲望的本质属性及其基本特征

——欲望是人生第一推动力

人生真正的悲剧，是一个人不知道自己为什么活着。当我们被问及“人是从哪里来的，最终要到哪里去？”“人为什么而工作？”或者“这一切都是为了什么？”的时候，当我们思考人生的意义和价值在哪里的时候，当我们经历亲人的逝世或者其他苦难而怅然发现生命中的一切都显得如此残酷而不留情、虚空而不可靠的时候，我们常常为找不到一个令人信服的答案而困惑。

这些从亚里士多德时代即已发出的诧异与疑问，一直推动着我们不断对自己的存在与行为做出理性的沉思和反省。

我们为了生活有时表现得很快乐，很欣慰，有时又会表现得很苦恼，很忧虑。我们不断在幸福和不幸福的双重感受之间徘徊，似乎始终找不到一个完全属于自己的目标和归宿。我们一路走来，发现人人都有不同的人生际遇，人人都有不同的生存体验，人人都有不同的情感倾向和精神境界。

但回头望去，我们可能依然困惑不解：究竟是什么把我们的每一天、每一步穿缀在一起的？它究竟符合一种什么样的逻辑关系和行为规则？

正像美国作家赫尔曼 · 梅尔维尔所说的那样 ："我们的生活由不可见的细线串连在一起。"对这条细线是什么，他没有回答，或许他也无从知晓。我创作本书系的目的就是把这条细线的本质属性揭示出来，并用以指导世人的生活。这条细线不是别的，而是伴随我们一生的欲望。

因此，我们可以确认，所有人的形象、气质、心理、意志、动机、人格、脾气、秉性、意识、思想、精神、心灵都是欲望之手捏制出来的幻象，所有人的行为、举止、情态、表现都是欲望驱力、拉力和张力发生作用的结果。由此推论这个世界所有的人文面貌和现行社会状态也都无一不是人类欲望之魔走过之后留下的斑斑遗痕和串串踪迹。

第一章　欲望概述

历代学者曾以各自所倾注的研究视角给欲望下过各式各样的定义，试图揭开欲望的本质属性，但大多数定义都是片面的、笼统的和不严谨的。

欲望的定义不论是从哲学的视角上界定，还是从生理学的视角上界定，或者是从心理学的视角上界定，都是一个难以尽述的话题。因为欲望以其特殊的身份与角色，几乎混迹于人类生活的所有领域，不论从哪一个层次、哪一个角落，都可以看到欲望的逞逞魅影。所以，无论从哪一个层次、哪一个角度解说，都难免被归为一家之言。

欲望动力心理学可以被归结为质能结构主义心理学，以便与其他诸如构造主义心理学、机能主义心理学、行为主义心理学、人本主义心理学、格式塔心理学、精神分析学派、认知心理学派等心理学分支相并称和相区别。其中每一个学派的心理学都涉及到了欲望问题，但只有欲望动力心理学才第一次将欲望上升为人类心理世界的中心和精神世界的第一推动力来研究，并对欲望的产生、发展和满足过程做出了系统的和全面的解读。

一、欲望的定义

那么，我的欲望动力心理学是如何给欲望下定义的呢？为了避免学术偏见，我在本书里从生理学、心理学、认知神经科学和精神现象学等多学科角度，撮其精而揽其要，为欲望做出如下定义：

欲望是指作为人或动物的自我在生理或心理方面通过神经智能而感应到某种匮欠性刺激或目标性刺激之后，为了解除匮欠性刺激引起的不适感或为了获得目标性刺激引起的舒适感而产生的不要或想要的应答性反应或意志冲动。

欲望具有三象性：匮欠、目标和神经感应，这也是欲望产生的三要素。其中，匮欠属于欲望之所缺，目标属于欲望之所济，二者只有被神经感应到之后才具有欲望意义。这就意味着，一切欲望都离不开神经反应和大脑认知。这就使欲望与认知之间天然地存在着不可分割的因果逻辑性互动关系和同步共轭性发展关系。欲望是内在匮欠与外在目标借助神经智能（神经反应能力）和大脑意能（大脑反应或意志反应能力）而实现的遥感性和呼应性反应。

在此，我们有必要检视一下拉康的欲望理论。拉康认为，人的欲望发生于生物性的匮乏，它总是以具体的缺失对象为欲求指向。一旦获得对象，需要则得到满足。他说：“要求本身涉及到的是它所要满足的以外的别的事，它要求的是一个在场和一个不在场的东西。”

我认为，拉康的所谓在场的东西就是匮欠，任何主体都会对匮欠产生拒受性要求，而不在场的东西则是目标。这个目标就是欲望对象，就是匮欠的填充物。弗洛伊德认为“外部对象只有被自恋式地爱着，变成一种回归自我的心像，才能转变为内在的对象”。就像一个女孩子在商店的橱窗里看见了一件她喜欢的裙子，其实她并不是喜欢裙子这个外在对象本身，而是将这个裙子变成了一种自恋式的心像，即她用想象将这件裙子穿在自己身上，与自己的体形和皮肤融在一起构成一幅自我迷恋的美景。

有时候，她会反复将各种裙子穿在自己身上，在镜子前面左照右照。她不是在照裙子，而是在映现自己。这里的欲望对象其实是自恋的对象。

拉康和弗洛伊德都意识到了欲望源自于匮欠但并非等同于匮欠本身，而必须与一个特定的外在对象相联系，甚至也不等于外在对象本身。但拉康和弗洛伊德都没有充分强调神经认知对于欲望的产生所具有的天然的、独特的和不可忽视的作用。因为匮欠和目标只存在于神经智能性反应和大脑意能性反应的认知基础上，抛开这个基础，匮欠或目标都将不复存在。

欲望的奇妙之处正在于此，它是在自我认知或自我意识中出现的在场的“无”与不在场的“有”之间所产生的对称性、等效性和呼应性遥感关系。

一方面，欲望是自我针对匮欠产生的不适感及其不适感经验而再度做出的解除或规避不适感的应答性反应，并在自我大脑中上升为一种“不要”的意志冲动 .

另一方面，欲望也是自我基于舒适感及其舒适感经验而再度做出的获得舒适感、增加舒适感和保持舒适感不断延续的应答性反应，并在自我大脑中上升为一种“想要”的意志冲动。这是一个问题的两面，一个是反面，一个是正面，正反两面通过大脑而殊途同归，并汇成欲望之河。

二、欲望的内涵与外延

通过以上给出的欲望定义可以对欲望的内涵和外延做出如下一些边界限定：

（1）欲望并非人类所特有，其他动物也有欲望。

（2）欲望源自于内在匮欠。人作为一个有机整体，以保持机体生理平衡和自我心理平衡为基本存在方式和存在状态，一旦发生匮欠，这个平衡便会被打破，便会产生欲望反应。如食欲产生于饥饿性匮欠，便欲产生于能量进出失衡造成的代谢性匮欠，官欲产生于自我能力不足造成的控制性匮欠。如此等等，不一而足。

（3）欲望遥感于外在目标。这个目标是可用来填充匮欠的对象。拉康认为，“欲望是经由那个内部的无的驱动而产生的对象”。而实际上，这个对象是缺失的，是不在场的。

正像食欲产生后，作为填充饥饿匮欠的食物对象未在场于人体内部的肠胃里；便欲产生后，作为急待排出的粪便对象只在场于自我非想要的失衡状态中，而未在场于自我想要的生理平衡状态中；官欲产生后，作为可增强控制能力的权力对象未在场于自我意志的掌控之中。

（4）欲望形成于神经感觉。感觉是由神经产生的嫁接匮欠与目标的辐射性、反应性和传导性媒介。没有这样一个勾连性的媒介，即便有再大的匮欠，再好的目标，也不会产生出欲望来。

比如身体被蚊虫叮咬初始之时未被神经智能感受到，所以自我大脑就不会产生抓挠解痒的欲望；一个从来没有闻见过和品尝过榴莲（目标）的人，也不会产生吃榴莲的欲望。

这里特别值得一提的是，大脑针对匮欠刺激或目标诱惑所做出的反应，并不是一次性单向反应，而必须通过反复性的回应才具有欲望产生的可能性。感应到匮欠或目标的存在是第一次反应，对匮欠危害性的直接体验或对目标有益性的经验表象做出回应、答复，则是第二次反应，只有出现第二次反应才可能使欲望被驱动出来。

基于这样的认定，我将“感觉应答”或“应答反应”解释为“反应的反应”，亦即大脑对匮欠或目标的刺激效果反应做出针对舒适或不舒适以及不同舒适程度之体验的回复性反应。

比如皮肤被划了个口子产生了疼痛感觉，这个疼痛感觉本身不是欲望，而不要疼痛感觉的回复性应答反应才是欲望，就像匮欠本身不是欲望一样，而不要匮欠感觉的应答反应，即为“不欲之欲”；而“不欲之欲”的反面便是“所欲之欲”，前者针对匮欠而发，后者针对目标而起。

（5）欲望是人脑对既已发生的刺激条件产生的“不要”或“想要”的意志倾向。第一种刺激条件是匮欠性刺激，这种刺激必然产生不适感，并藉此产生“不欲之欲”，这是“不要”的意志倾向。第二种刺激条件是目标性刺激，即生活中出现的对自己有用有益的填补性目标和引诱性目标，或对自己有害有损的威胁性目标。

前一种目标性刺激必然产生舒适感，并藉此产生“所欲之欲”，这是“想要”的意志倾向；后一种目标性刺激必然产生被威胁的不适感，并藉此产生“不欲之欲”，这是“不要”的意志倾向。如站在一堵大墙下面的人，忽然发现墙体在颤动，那么这个人会不由分说主动逃跑，生恐墙体倒塌而砸中自己。墙体颤动这个目标的威胁，促使人产生了安全欲和恐惧感。

（6）欲望是有方向性的，一种是正向的“所欲之欲”，可称之为正欲望；另一种是反向的“不欲之欲”，可称之为负欲望。负欲望产生的驱力与正欲望产生的引力方向一致，等值等效，二者的合力即为欲望力。

若欲望力用 F 表示，驱力用 f 表示，引力与驱力等值，即欲望力 $F=2f$，这也是欲望通常总会发生超过其本身匮欠的膨胀反应的最好注疏，即从公式中可见，任何一种欲望总会产生双倍的放大效应。

驱力与引力完全相加并形成合力，正负相抵为零，则欲望消失，自我身心达到平衡。

这里有一个十分有趣的契合点，即人类精神世界与客观物理世界存在着惊人相似之处，我在这里对于欲望力的解释与爱因斯坦在引力场中对牛顿方程的完整表述具有异曲同工的逻辑思维脉络，即：惯性质量 × 加速度 = 引力质量 × 引力场强度，当加速度不起作用时，可以得出惯性质量＝引力质量的结论，实现了惯性与引力在本质上的统一。

其中的惯性，可以理解为匮欠所带来的驱动力，引力可以理解为目标填充物所产生的吸引力。这从一个侧面证明物质世界原理与精神世界原理具有完全相同或相似的契合逻辑和求证脉络。

如果说，欲望是主体自我对于匮欠所做出的意志反应，那么一切欲望都是从显在的“不欲之欲”或潜在的“不欲之欲”的负欲望开始发端的。

比如人在疼痛时产生“不要疼痛”的负欲望或看见身边有毒蛇爬动而产生逃避的“不要”的负欲望，都发端于不欲之欲。欲望所具有的正负两个方向的基本属性是以往学者们在阐述欲望概念时未曾揭示的边界。

三、欲望效应

欲望本身暗含着从否定到肯定和从肯定到否定的互衬互映、互联互动、对立统一哲学。

一方面，欲望缘自于某种匮欠，对匮欠的否定和拒受，必然体现为一种“不要”的倾向性意志，这个倾向性意志便是负欲望，换句话说，欲望是匮欠的作用力所引起的反作用冲击的结果，是试图把匮欠的不适感翻转过来的意志冲动。

另一方面，欲望缘自于某种目标的启迪与诱惑，对于目标的肯定和接受，必然体现为一种“想要”的意志倾向，这个倾向性意志，便是正欲望。

以上这两个方面都会在大脑中形成记忆——即曾经有过的对于匮欠的不适感和对于目标兑现后的舒适感，会形成一种潜在的欲望经验性或体验性记忆，这种潜在的欲望性记忆，延续下来和储存下去之后，便演变为潜欲望，潜欲望是人对于曾经有过的欲望经历在记忆中的积淀和留存。

正是潜欲望在冥冥中指导和影响着我们的日常行为和日常生活，比如一个人在没有食欲的时候，仍然做着获取食物的工作；一个人在没有性欲的时候，仍然对异性感兴趣；一个社会在纷乱的年代，人们仍然向往着建立一种和谐安宁的社会秩序；一个国家在没有战争的年代，仍然建立和保有足够的军事力量，等等，都属于潜欲望在发生作用。

潜欲望是已发生过的欲望事件在记忆中的一种残留形式。不管是对自我想要的，或是对自我不想要的，既已发生过，以后再遇到类似的情况或情境就会产生与潜欲望方向完全一致的好恶感。

人们的日常活动，大部分都是按照潜欲望所指示的方向运行着和发展着。

这就是说，一种欲望一旦发生过，就会一直保持着最初的经验性、观念性、意志性、方向性作用，指导、影响并掣肘着人们今后的生活，甚至成为奠定和构成人的世界观、人生观、价值观、方法论的基础和元素。

其中，第一印象效应、晕轮效应、刻板印象、思维习惯、思维定势等惯性心理都与潜欲望在自我意识深处发挥作用有着密不可分的关系。我将这种观念的形成原理称为欲望效应。

欲望效应实际上是由内在匮欠与外在目标之间或内部感觉和外部感觉之间所建立的欲望感应关系在现实生活情境中的延伸、展开与复合，是欲望感应所产生的实际效果和效力，相当于欲望感应在主体自我的实际生活中发生作用之后产生的“深谷回声”。

第二章 欲望的基本特征

从欲望的定义中可以看出，欲望的性质是欲望主体对匮欠及其目标性填充物彼此共轭的意志性反应，是神经感觉与大脑反应对于在场的匮欠和不在场的目标所达成的相互妥协的联动性产物，是自我大脑对于内在匮欠性神经感觉或心理感受发生之后，所做出的意志倾向性应答或精神感应性观照。

所以，匮欠与目标以大脑为交点互为共轭的性质，是欲望最显著的特征。

欲望缘于自我内在质能结构的失衡所造成的匮欠，是自我生理机能、神经智能、大脑意能等与外部世界各种事物的能量、能力、功能、效能相互冲突、相互干扰、相互较量、相互斗争、相互对立和相互统一的应答性和反照性产物。内外两种能量的流转与互动构成了以人类个体自我为中心的内外互映且开放循环的欲望系统。

人类的主观世界与客观世界是息息相通的，欲望起源于感与应之间的凹凸关系，凹相当于匮欠，而凸相当于填充匮欠的对象性目标，是对匮欠的反馈、应答或观照。这种反馈、应答或观照是以神经感觉、心理感受、情绪感动或精神感应为启示、以匮欠之外的填充物目标为对象而做出的呼应性和联动性反应。

即是说，欲望的内容是两个相对应要素的弥合，如果说一个要素叫凹，那么另一个要素就叫凸，两个方面缺一不可。就像食欲发生时，供胃肠消化的能量资源出现了匮乏（凹），这个匮乏本身不是欲望，而只有依靠大脑将填补匮乏的意志辐射到食物的对象（凸）上，一者感之，一者应之，两厢对缺而互补互应，才能在彼此之间构成凹凸关系的欲望；当个体对食物的多少、好坏、获得方式等产生比较性认知时，有关于食欲的凹凸关系还可能会辐射到心理层面上，并产生心理平衡或不平衡的欲望反应。

所以，欲望是反复出现的匮欠与反复进行弥补的一连串动态凹凸关系的遥感性链接。欲望不仅仅是一种“生理的凹”“感觉的凹”“知觉的凹”“意识的凹”“心理的凹”“情感的凹”或“精神的凹”，而且也是一种“生理的凸”“感觉的凸”“知觉的凸”意识的“凸”“心理的凸”“情感的凸”和“精神的凸”，或者说欲望中有一半是凹，还有另一半是凸，凹与凸形成一种对称关系和遥感关系。

当个体自我在感觉、知觉、意识、心理、情感、精神等方面出现失衡现象时，欲望便会发挥趋衡作用，试图找出和获得目标性填充物，而且这种失衡与平衡关系具有周期性和循环性，呈现为一种“生命不息，欲望不止”的动态往复性特征。除了匮欠与目标在人脑位置所具有的共轭性质之外，欲望还具有如下一些明显的特征。

一、欲望的自我体验性特征

欲望具有主体自我感知性。任何一种欲望的产生，都会被主体自我感觉到、感受到、感应到或体验到。饥饿感、疼痛感、瘙痒感、温暖感、性感等各种生理感觉，都要无一例外地通过主体自我的神经系统传导给大脑，并经由大脑针对这些感觉而进一步产生与之相对应的不适感、舒适感、恐惧感、失落感、自卑感、愧疚感、荣誉感、尊贵感等各种心理感受、情绪感动或精神感应，这些感受、感动或感应也是在心理层面、情绪层面或精神层面对生理性感觉的回馈性或应答性反应。

在此过程中，人类自我以特定的主体角色体验着欲望所带来的感觉、感受、感动或感应。我们在这里所说的感觉、感受、感动或感应，有的是属于生理性的，称之为生理感觉；有的是属于心理性的，称之为心理感受；有的属于情绪性的，称之为情绪感动；有的是属于精神性的，称之为精神感应。通常，我们把生理性感觉称为感觉，而将心理的、情绪的、精神的感受、感动或感应统统称之为感受。

当主体在真切体验着某种特定欲望的时候，整个身心都会在相应程度上被那个欲望主宰着和驱役着，其思其情、其言其行都不由自主地深受着那个欲望的支配和影响。此时，作为欲望主体的生物个体已经嬗变为一个独特的自我，一个不同于其他时刻和其他情境中的自我，一个与平时不可同日而语的自我。这也是欲望进入自我体验程序后所表现出来的动态自我认知效应。

对于欲望的体验只有正反两个方面的感觉或感受，一方面是不舒适、不喜欢的感觉或感受。个体自我急需将这种不好的感觉、感受平抑下去，从而产生不要的意志倾向，比如对于饥饿或疼痛的体验，会产生不要饥饿或疼痛的欲望；另一方面是舒适、喜欢的感觉或感受。个体自我为了保留和延续这种感觉、感受而必然产生贪恋的欲望，而且一旦体验过一次之后便记忆犹新并心驰神往，渴望再次获得类似的感觉或感受。

比如第一次吃到糖果时的体验，第一次出现性高潮时的体验，对这类美好的东西，一旦体验过便会一往情深，不能自已，且自动形成记忆编码，演绎为一种潜欲望，进而形成一种影响以后生活的观念。

二、欲望的动机驱使性特征

心理学的功能之一便是用一种清晰的理论模型试图准确地找到人类行为的内在动机。

但自 20 世纪 30 年代以来，动机理论发展至今尚未得到普世公认的定论。一方面，人类的行为来自于肌体，但肌体的运动绝不像机器那样简单易断，另一方面，人类的行为来自于神经，但神经却有如神灵那样精妙玄微。

几乎所有的动机理论都普遍认为，人类的行为既离不开身体及生理方面的因素，也离不开神经及心理方面的因素；一种行为的发生既有外在诱因、社会环境的影响，又有个体自身的内在原因；既涵盖着人的认知，又凝聚着人的情感，总之，只有将各种影响行为的因素整合起来，才能找到更为成熟的动机理论发展途径。

综合各种动机理论研究的得失，目前学术界认为要建立一种普世的动机理论应该包含如下要点：

①动机理论必须建立可靠的（可重复的）经验关系；

②动机理论必须建立在普遍法则的基础上，而不是建立在个体差异的基础上；

③动机理论必须包括自我；

④动机理论必须包括认知过程的整个领域；

⑤动机理论必须包括整个情感领域；

⑥动机理论必须包括序列的（历史的）因果关系；

⑦动机理论必须能够解释成就追求和交往目标；

⑧动机理论必须思考一些附加的常识性概念。

通过对欲望动力心理学的研究，我发现，人类的一切动机、意识、思想和行为都统贯在欲望的辐射范围之中，都是在欲望的驱动下产生并形成的。而且，人类的行为可分为两大类，第一类行为是无意识行为，包括纯粹的本能性行为、习惯性行为、精神病状态下的病态行为和下意识驱动的经验性行为等等。

从表面上看，这些无意识行为好像与人类自身的欲望无关，实质上这些行为也都不是无缘无故产生的，有的是与本能性欲望（本性欲望）有关，有的是与以前曾经有过的欲望经验有关，有的是与潜在欲望有关；第二类行为是有意识行为，包括学习、工作、生活等一切有目的、有计划的行为都是有意识行为。人类的一切有意识行为无一不是欲望驱动的结果，这一点几乎没有模糊地带，比较无意识行为的欲望性动机原理更为显明而清晰。

换句话说，欲望是人类一切行为的原始动机。没有欲望的人是不存在的，没有欲望的行为也是不存在的。植物人没有欲望，但同时也没有行为；头脑健康而肢体瘫痪的人有欲望，但因为欲望无力唤醒支配肢体的麻痹的神经，所以也没有行为；犯梦游症的人有显在的行为，也有潜在的欲望，虽然没有觉醒的神智，但其行为却受到潜在欲望的支配。

这样，我们可以推演出决定人类行为的四大基本要素：一是躯体，二是神经，三是欲望，四是意识。

有什么样的欲望，主体就会通过神经产生什么样的意识（动机），支配什么部位的肢体，产生什么样的行为，做出什么样的事情。这就意味着，人类的每一个行为都潜藏着一个特定的动机编码，每一个动机编码都驱动着一个特定的行为程序。行为是欲望的外现，是意志的方向，是意识的轨迹。一个简单的行为既可能代表了一个简单的欲望，也可能代表了一个复杂欲望的特定环节。

有时，很多个行为环环相扣，层层递升，自始至终链接着一个终极目标性欲望，比如为了实现某一事业目标，日思夜想，跬步千里，甚至经过几十年奋战拼搏，方才达到目标；有时，一个行为仅仅针对一个简单的欲望，比如颈部突然出现瘙痒感，遂伸手抓挠而解痒；有时，欲望处于多元交叉状态，即在同一时间里心中储存着好几个欲望，有的是目标远大的官欲，有的是一饭之忧的食欲，有的是一娇之柔的色欲，数欲并存而交杂在一起，哪种欲望紧迫难熬，或哪种欲望有机可乘，便会率先产生哪种行为。

在数欲交杂的情况下，倘若未见有特别需要急切给予满足的欲望，那么，对这些欲望的满足顺序则遵循随机原则，即随机遭遇哪类欲求目标便随机产生哪类行为，随机满足哪类欲望。

在这种欲望交叉运行的背景下，如果不是亲力亲为的欲望人，而仅仅作为观察者来看，对欲望人行为动机很容易产生误断误判，很容易犯下差之毫厘而谬之千里的推断错误。

但特定的动机总能产生特定的行为，二者之间存在着必然的对应关系。而影响动机心理学发展的最大困扰，在于这种对应关系在观察者看来，并非是一对一的绝对性因果对应关系，而是一因多果或一果多因的对应关系。

即一个特定行为的发生，对行为主体而言可能是缘于一个特定的动机，比如一个员工进领导办公室找领导谈话的行为，其动机是为了调换一份自己更喜欢的工作，而在观察者来看，则可能会推断出很多个可能性动机：请示？汇报？告密？送礼？申请加薪？谋求升迁？等等。一切皆有可能。

有的时候，一个行为可能源自于一箭双雕或一举多利的动机，比如一个男人在电脑前通过 QQ 跟一个女网友聊天，其动机是向对方推销一种保健食品，并在对方所在城市寻找产品代理商，同时咨询对方城市的房价，以便租赁街面门市房开设门店，但在观察者这看来，则可能会以己之心度人之腹，推断这个男人是为了找到一个可心的网上情人。

这就使动机理论陷入了一题多解的实用性困境，借助动机与行为的关系进行推理的逻辑严谨性被打了折扣，从而降低了作为观察者借助动机理论指导社会实践的实用性和可操作性。但实践的困惑不等于理论的荒谬，动机理论对于揭秘人类行为发生发展规律的指导意义却具有不可替代的作用。随着研究工作的不断深入，这一理论的严谨性和成熟度必将日益显现出来。

三、欲望的目标期待性特征

欲望本身是一种匮欠性反应，任何欲望都必然以填平匮欠为基本意志倾向，而填平匮欠又必然依赖外在的他者，一个特定的目标性填充物。这就意味着，欲望不是一个独立的单元格，而是多元的复合体，一个欲望至少隐含着两个并立的元素，一个是匮欠，一个是填充匮欠的目标。我们可以把这一原理称之为匮欠与目标内外对应和遥相呼应的欲望感应原理。

按照这一原理，我们既可以根据一个人的行动目标判断其欲望属性、匮欠程度，也可以根据一个人的匮欠所在而判断其目标取向和行为走向。

一个人产生什么欲望便会倾注什么目标。食欲的目标是食物，而且是好吃的、有营养的食物；性欲的目标是性对象，而且是好看的、健康的性对象；温暖欲的目标是保暖的衣物或者适宜温度下的空间居所，而且是质料上好合体的保暖的衣物或温度适宜、宽敞明亮的空间居所；官欲的目标是赋有一定权力的职务，而且是赋有较大权力的职务。如此说来，欲望与目标的对应性就像一个带有支点的杠杆，一个人能否实现目标，关键是能否找到一个位置合适的支点。这个支点，可以是自身的能力，也可以是外在的客观条件，或者是一个特定的机缘。

根据欲望所具有的目标期待性特征，我们可以推断一个人是否有雄心、野心、决心、忧心、理想、志向、毅力等，也可以藉此判断一个人的世界观、人生观和价值观等等。人的一生可能要追逐很多个目标，把这些目标连接起来汇合起来，就可以看出这个人的品位、格调、层次、志趣、性格、心态、胸襟等基本的人格品质。试想一个以杀人为目标的人和一个以慈善为目标的人在品格上显然是不可同日而语的。可以说，确立什么样的目标就确立了自己将来会成为一个什么样的人。

四、欲望的休动间歇性特征

我们通常所说的欲望，大体上可分为两大类，一类是生理性欲望，如食欲、性欲、舒适欲等等，都与人的个体属性（包括人的生理活动和生理需求）息息相关；另一类是精神性欲望，包括价值欲、权力欲、荣誉欲等，都与人的社会属性包括社会活动和社会关系密不可分。这两类欲望都对人的心理、意识、情感或情绪等产生影响。

所有这些欲望都有一个共同的特征，就是休动间歇性特征。休，指的是休息、休眠；动，指的是启动、发动、运动。一个欲望从无到有，从有到无，实际上是一个休动间歇的过程。

比如食欲，从发生饥饿的匮欠开始，随着能量消耗越来越多，食欲强度越来越大，至足够的食物填充到胃里，饥饿的匮欠被填平，食欲消失，进入休眠状态。又因为生理运动不停止，能量消耗也不停止，数个小时之后，下一次食欲的发作便又开始了，中间的休眠和间歇，继之而来的往复性发作，构成了欲望的一大特点。

再比如荣誉欲产生之后，在最初一段时间里通常会表现很强烈，待到被满足之后，这种荣誉欲就开始降温了，变得淡定了，转而随着环境的变化而滋生出另一种新的荣誉欲来。

一般而言，生理性欲望的休动间歇性通常源自于内在生理活动的周期性变化特征上，而精神性欲望的休动间歇性通常源自于外在社会环境的变化上。社会伦理、道德、文化、思潮、时尚等因素，都会对人的精神性欲望的波动起伏、休动间歇产生重要的影响。

根据欲望所具有的这种休动间歇性特征，可以认识到，一种欲望并不是满足一次便完事大吉了，而是需要间歇不断地给予满足，特别是生理性欲望，这种间歇不断的满足可能要持续一生。

其中有的欲望间歇时间长一些，有的短一些，比如食欲，大概五六个小时发作一次，而呼吸欲只能间歇数秒钟便要发作一次，性欲则根据个体的年龄大小、身体素质和性激素水平的不同而有不同的表现。即便后天产生的诸如烟瘾、酒瘾、赌瘾等欲望，其间歇性发作方式和间歇性满足方式也是各有不同的。

根据欲望的休动间歇性特征，我们基本可以确定欲望的满足不是一劳永逸的事情。但有些心理感受性欲望或精神感应性欲望，其间歇性却可能会有不同的表现。

比如官欲，按照彼得原理，一个人总是希望爬到自己力所不逮的职位上才会获得真正的满足，但现实体制中的官员晋升节律，其间歇时间可能是两年、三年、五年、八年不等，对于大多数人而言，一次进阶只能带来一次性满足，当然也有一小部分所谓知足常乐的人，升到某个特定的职位上便心满意足、鸣金收兵了。

一个国王的官欲是不是一生一世都彻底满足了呢？其实未必，当了国王的人也有发兵做乱、攻城略地者，巴不得把全世界全都占为己有，就像某君梦想有一天能够拥有上百万资产便心满意足，便可以安然收手，高枕无忧，万事大吉了，而此君拥有了数百万之后，却更加忙得不可开交，几乎每天都在谋划如何投资，如何赚更多的钱。

这就像蝜蝂一样，爬行时遇到东西，总是抓取过来，抬起头背着这些东西继续前行。东西越背越重，即使非常劳累也不停止。对蝜蝂来说，每一次遇到东西的间歇时间，就是它的欲望休动过程中的间歇时间；而对于赚钱的人来说，每完成一个赚钱项目的间歇时间，就是他的欲望休动过程中的间歇时间。

根据欲望的休动间歇特征，我们可以推断一个人的欲望属类、特点以及贪求目标、个人毅力和执着程度等。

五、欲望的循环往复性特征

昼兴夜息，四季轮回，大自然无时无处不以循环往复的形式教化人类的休动与作息。与日夜相随，几乎每一个夜晚都要产生一次睡意，几乎每一个白天，都要产生三次食欲，这种具有特定规律性的休动与间歇，同时也体现了欲望所特有的循环往复性特征。

每一种欲望都有其特定的循环节律、频率和规律，以及特定的循环方式。其中有的是天赋的生理性规律，如呼吸欲总是按照特定的节律发作与满足，有的是习惯性规律，如食欲在某些地区是一日三餐，有些地区是一日四餐，也有些地区是一日两餐。但不管是怎样的一种习惯，都可以看得出食欲具有发生、满足、再发生、再满足的循环往复的运行规律。

当然，这一规律远远不限于食欲，几乎人类的一切欲望都具有这种循环往复的运行规律。

欲望的循环往复性特征也非仅限于此，还包括欲望层次的循环往复性特征，这一点，我将在本书第三篇有更详细的论述。

人类的欲望按其概念所涵盖的意义宽狭与大小而言，可以分为三种形态：

第一种是单次欲望形态。比如为了吃一顿饭或者为了尝一口饭而产生的食欲，为了一夜情而产生的性欲，等等，都属于单次欲望形态。

在这种形态之下，我们提到欲望一词时，基本上就是指单次欲望。单次欲望曲线是一个简单的抛物线，如某次饥饿感出现后，未能及时就餐，以至使得这次饥饿感越来越强烈，直至饥饿达到某个极点，倘若这时有食物供应，吃饱喝足以后便迅速平复，单次食欲被满足的结果是食欲消弭。

第二种是属类欲望形态。比如“食色性也”所指分别是食欲和性欲两个属类的欲望，再如“衣食住行”四字，分别指的是温暖欲、食欲、安居欲、行动欲四个属类的欲望。

在属类欲望形态之下，我们提到欲望一词时，基本上就是指某一类欲望，如说到食欲，就不限于一顿饭一口饭的食欲，也不限于一日三餐的食欲，根据表达的背景可能是指一月、一季、一年、几年甚至一生的食欲问题，甚至不限于一人的食欲问题，而可能是多人的食欲问题。

不同属类的欲望各有其特点，有的欲望属类一旦无法满足，便会达到某个致命值，如食欲、便欲、呼吸欲、安全欲等皆如此；也有的欲望属类即便不能及时给予满足，也只能导致越来越大的不适感，并不至于达到某个致命值，比如性欲、自由欲、价值欲、荣誉欲、归属欲等。

同时，不同属类的欲望，其间歇区间和循环频率也有所不同，如性欲在年幼时表现微弱，年轻时表现强劲，年老时表现萎靡，其属类欲望曲线在年龄跨度上也表现得比较简单。再如某人在某个时间段里迷恋打篮球，隔三岔五就会叫上几个小伙伴到球场一显身手，这期间自然有一个适合其生活或学习习惯的欲望间歇区间和循环频率，其玩球欲望属类的曲线要根据个体的作息特点而各有不同。

第三种是博杂欲望形态，泛指人类所具有的一切欲望，或者一个人所具有的全部欲望，或者一个集团所具有的一切欲望。在欲望的百花园中，什么科目的鲜花都有，什么颜色的鲜花都有，什么时候开放的鲜花都有，什么香味的鲜花都有，花期长短也各有不同。一个人的欲望五花八门，千奇百怪，吃喝拉撒睡，酒色财气情，不限于生理性欲望，也包括心理性欲望和精神性欲望，每一种欲望都希望能够尝试尝试，并且都希望能够获得满足。

在这种欲望形态下，我们提到欲望一词时，基本上就是泛指，而不会是专指。

我们在这里所说的欲望的循环往复性特征，主要指第二种欲望形态，即属类欲望形态。

所谓欲望的循环往复，基本上是指同一属类的欲望所具有的特性，如食欲、性欲、呼吸欲、便欲等等，都是一次接着一次地发生，一次接着一次地被满足，致使人类的大部分时间都在为这几种有限的循环往复的欲望形态而奔波和拼搏，以致不得不长年累月地为这些欲望所拖累。

同时，我们还发现，凡是事关人类生存的生理性欲望，几乎全都具有循环往复性特征，而凡是具有循环往复性特征的欲望，也都是拖累着人类自身无休止地为之劳作和奔波。

一个人生命就像一条欲望的河流，它流淌的不是河水，而是人的各种欲望。

人类社会恰似一个永远不会干涸的欲望海洋，似乎随时都可能掀起波涛和巨浪。

我们从人生的战场上一路走来，发现不同的人既有一些志同道合的共性欲望，也有一些各有其志的个性欲望，而且基于个体条件、环境、背景、能力、机遇等的差异，每个人所成就的欲望点也大有不同，有的人以升官为快，有的人以赚钱为福，有的人以成名为乐，有的人却碌碌无为，一事无成，百愿难遂，还有的人可能事事如愿，绝大多数欲望都获得了满足，几近达到了“胜者通吃”的境界，其性欲占有美色，其食欲享有美食，其宅欲居有美庐，包括其价值欲、权力欲、表现欲、安全欲等等，几乎都获得了较高层次的满足。

举凡世界各地数一数二的大富商们，他们所拥有的财富足可掠遍世间荣华，享尽人间富贵，各种欲望差不多都获得了足够多的满足，这当然是大多数人无法企及的人生层次。

六、欲望的倾轧代偿性特征

我们经常会感觉到，欲望与欲望之间具有彼此倾轧和代偿性特征或功能。一种欲望在某个环境和条件下突然变得很强势、很强烈、很急迫，从而把其他欲望倾轧下去或者冷落一旁，只有当这个欲望得到基本满足之后，其他欲望之火才会重新燃起；或者在我们的欲望系统中，总有一些欲望随着生理条件和生存环境的改变而使其地位发生轮转或更替，原来占有核心地位、优势地位、主导地位，后来可能会被另一些欲望所取代，从而又使原来的某一欲望退居次要地位、辅助地位、弱势地位。

其中大部分核心欲望、优势欲望、主导欲望，都具有事关生存、垂涎已久、影响深远、神经敏感等特点。

这些特点从欲望系统上寻找根据，主要集中在欲望目标直接影响生存的生理系统之中。如消化系统功能产生的欲望（如食欲或便欲）、神经系统功能产生的欲望（如生存欲、自我保护欲）、运动系统功能产生的欲望（如自由欲），这些欲望对人的生理、生命具有核心地位、优势地位、主导地位。所以，一当出现危机性匮欠，便会成为压倒其他欲望的强势欲望和核心欲望。

欲望具有等级性和层次性。第一个层次是保证生命安全的层次，第二个层次是保证生理运转的层次，第三个层次是保证感觉舒适的层次，第四个层次是保证心理平衡的层次，第五个层次是保证意志自由的层次，等等。层次越低的欲望越容易成为核心欲望和优势欲望。

在欲望的百花园中，每一朵欲望之花，都可能随着环境或条件的改变而随时冒出来，绽开香蕊并争奇斗艳，随着季节和时间的变换，有的欲望之花虽然初始时开得很艳，但时间不久就凋零了。这就是说，一种欲望很强势，并不意味着永远占有这样的强势地位，一方面，它有可能自生自灭，自行萎缩凋零，另一方面也有可能被另一种渐次趋于强势地位的欲望倾轧下去，而不再占据欲望领地的上风。

特别是欲望主体在面对博杂的欲望形态下，每一种欲望并不是一成不变的，而是此消彼长，此起彼伏的，正可谓“按下葫芦浮起瓢”，一个欲望沉沦下去，另一个欲望浮动上来，一个欲望扶摇而上，另一个欲望急转直下。一种欲望上升为强势欲望，并倾轧了此前的某种核心欲望之后，一旦获得满足，便会产生代偿功能，即对前一种核心欲望未予满足的缺憾也给予了某种特殊的慰藉。

欲望自产生之日起，便处于时时刻刻起起伏伏、生生灭灭的变化过程中，有的欲望在其发展过程中发生着由小变大、由弱趋强、由冷趋热的变化，从而导致欲望级别不断提升而变成强烈欲望、优势欲望、主要欲望和核心欲望。

这种处于上升状态的欲望最初可能不很在意、比较淡漠、不敢期待或未能引起足够的注意，后来缘于某种适宜的条件、环境、心境、观念的变化，而诱使、促发或催生该欲望渐次或突然强势起来，并对其他欲望产生某种倾轧效果。比如某人在未进入职场之前，没有很强烈的官欲，后来在职场上混了几年之后，开始对当官表现得十分热衷，兴趣浓厚，趋之若鹜，直到变得趋炎附势，甚至跑官要官，做梦都想当官的地步。

也有的欲望在其发展过程中发生由大变小、由强变弱、由热趋冷的变化，从而导致欲望级别的降低而变成微弱欲望、劣势欲望、次要欲望和附属欲望。这种呈现下降趋势的欲望最初可能表现得很热心、很焦躁，势在必得，趋之若鹜，但由于环境、条件、见识、境界、观念的变化，导致这一欲望变淡、变冷、变弱，并逐渐被其他更好的和更强烈的欲望所取代。

比如一对夫妻恩爱有加，每天如胶似漆、缠缠绵绵地黏在一起，但一天夜里突然发生战争，房屋被烧毁，在炮火硝烟中两个人被轰隆隆的坦克声、枪声和士兵的喊杀声冲散，导致夫妻二人谁也顾不了谁而各自逃命去了。从此男的被抓去当兵，女的被抓去做了别人的媳妇，彼此谁也不知道谁的下落和去向。这真是“夫妻本是同林鸟，大难临头各自飞”，爱欲被生命欲所取代而成为劣势欲望和附属欲望。

欲望同时还像一个杂木丛林，林中树木不但品种杂多，粗细曲直差异也很大，而且高矮不一，但在不同的时期总有木秀于林者，摇曳披拂而成为被注意的对象，甚至这种对象不止一两株。

在欲望的杂木丛林中，总有几种欲望上升为主体更倾注、更在意、更重视的目标，成为强势欲望、重要欲望或核心欲望，但鉴于环境、条件所限，一般很难一下子都能得到满足。

在这种情况之下，某一两种欲望被满足了，其他欲望也就获得了一定程度的安抚和平抑，对未予满足的欲望起到了一定的替代和补偿作用，从而使欲望主体生理或心理达到了某种程度的平衡，这就是所谓的欲望满足的代偿性功能。

比如，一位仁兄在职场上到了正该晋升的时候，却由于职位有限，上司一时不能给予满足，而将其在外地工作的妻子调到了本单位一个适宜的岗位上。这样一来，这位仁兄虽然未获得正常晋升，想一想上司也算煞费苦心，解决了他们夫妻两地生活的问题，晋升的欲望也就被安抚下来了，心理平衡了许多。妻子得到了一份满意的工作，替代了自己的晋升机会，二者之间自然有一个价值比较与平衡过程。

只有价值接近的替代才能产生一定的代偿效果，否则便会被主体所不屑。这就意味着，替代性欲望必须在主体的强势欲望、重要欲望、核心欲望中选择才具有实在意义。

生理性欲望、心理性欲望、情感性欲望或精神性欲望都会发生倾轧和代偿现象。

比如身上的疮疤产生一阵阵疼痛感，但有时这种疼痛感会被瘙痒感倾轧下去，而不得不伸手抓挠，以致抓破了疮疤，造成更大的破损。又如就餐时食欲正浓，吃得正来劲，却听到同桌就餐的人讲了一个令人作呕而倒胃口的故事，旺盛的食欲可能顿时就消失了。再比如鲁迅当初立志学医，后来弃医从文，文学的志向代替了医学的志向，这都是欲望倾轧代偿性特征的体现。

代偿在生理学上的意义主要是指人体的一种自我调节机能，当某一器官的功能或结构发生病变时，由原器官的健全部分或其他具有类似功能的器官来代替，补偿它失去的相应功能，从而使体内建立新的平衡的过程。

例如盲人由于眼睛失明，无法捕捉外面的信息，其耳朵的听力和皮肤的触觉便会发展得比一般人更敏感，这就是器官功能代偿发挥作用的结果。据病理学、医学和解剖学证实，当人体发生慢性肾小球肾炎时，致使一些肾单位遭到损伤和破坏，肾小球就会发生纤维化，其所属肾小管同时会发生渐次萎缩或消失，在此情况下，未受到损害或受损较轻微的肾单位功能便会随之增强，细胞增生趋于肥大。若其中一个肾脏被切除，另一个肾脏则会趋于肥大，甚至可增大一倍左右，以代替和补偿被切去的肾脏的功能。

生理代偿的主要基础是大部分器官都有一定的储备力，即平时都有一部分功能单位处于静止或功能极低的状态，一旦发生生理性需要，这部分细胞或组织的功能便会随之增强。其次是器官、组织和细胞通过神经和体液的调节发生增生或肥大，二者都能代替或补偿失去或不足的部分功能，从而在一定程度上提升机体的生理舒适度。

从心理角度分析，代偿是指主体借助某种物效性因素或事效性因素而对另一种导致心理失衡的因素进行置换式替代、补偿或评价，从而使心理世界或心理杠杆建立新的平衡的过程。心理代偿可以分为自觉代偿和盲目代偿两种。

自觉代偿是指主体知道自己的短处、缺陷和匮欠所在，而借助其他长处、优势和所得而代替和补偿自己之所失、所短、所缺、所欠，从而做到扬长避短，以东隅之失而代之以桑榆之得，所谓“堤内损失堤外补”，即是这种代偿心理发挥作用的结果。在战争年代，失去了一员大将而收复了一片失地，失去了此座城池，而攻克并获得了彼座城池，等等，皆能在心理上实现代偿功能，让人们在失和得之间找到一定的平衡点，从而在某种角度和某种程度上提高心理舒适度。

盲目代偿是指主体并不清楚和了解自己的短处、缺陷与所失，而盲目并竭尽所能地发挥自己的其他优势，从而不知不觉地替代和补偿了自己的短处、缺陷与所失。因为这种代偿具有一定的盲目性，往往导致某些方面畸形发展，破坏了主体人格的协调统一和肌体功能的协调发挥，甚至有时加剧心理冲突，造成适应困难、人际关系紧张等更大的被动和不利。

比如有一位聪明的女孩，学习成绩在班级名列前茅，但由于外语老师脾气暴躁，行为邋遢，语言粗鲁，很令她反感，以致连带对外语学习也产生了“恨屋及乌”的反感情绪，这样一来，由讨厌老师到讨厌外语，导致她的外语学习成绩一落千丈，最终拖了她考学的后腿。勉强升入一所大学之后，也因为外语太差，无法继续深造，大学毕业后随便找了一份工作，继而结婚生子，倒也自得其乐。

几年后，对于外语学习也早就忘到了脑门之后。又过若干年，儿子长大了，也很聪明，每天放学后，她既要做一位好母亲，还要当一位好老师，经常给孩子辅导功课，由于她外语短腿，连自己的孩子也辅导不了。她想，她在外语方面吃的亏可不能再让儿子接着吃了。于是天天督促儿子好好学外语，并花重金聘请一位高级外语家教，隔三差五就给儿子上一次外语课，结果，她儿子在外语方面表现非凡，外语成绩在全校遥遥领先，考学时她帮儿子特意选择了一所著名的外语院校深造，毕业后分配到外交部工作，成为一位优秀的外交官。

这位女子自己吃过的亏最后让儿子实现了补偿，并且补偿得还算很成功，这显然是典型的自觉代偿心理驱动的结果。

再比如一个对女人感兴趣的男人，在得不到女人爱情滋润的情况下，由于长期受到性的压抑与煎熬，可能会借助窥阴、乱伦、奸尸等违反常规和伦理的方式进行畸形的代偿，甚至也有个别男人以偷窃女人胸罩、裤衩、内衣等来满足自己的性心理。

古人所谓“爱屋及乌”的典故，其实就是一种代偿性置换。有的人因为经济利益而与别人发生矛盾纠纷，一时得不到解决或者解决得不满意，可能会选择半夜跑到人家门前抛砖头砸窗户，或者选择造谣、诽谤、谗害等手段进行报复，以此补偿自己的不平衡心理，如此等等，皆为盲目代偿功能发挥作用的结果。

代偿心理反映的是一种自我价值观，它往往是弱者或处于竞争劣势地位的人谋求“阿 Q”式胜利的心理武器。一个人某种欲望无法获得满足时，转而会改变方向，改变目标，代之以一个更容易实现的欲望目标，通过这种有效的置换而实现心理代偿。

代偿既不限于纯粹生理意义的功能性代偿，也不限于纯粹心理意义的置换性代偿，也包括生理与心理的互动性代偿。

当生理达到一定程度的正舒适，可以代替和补偿心理存在的大体等值程度的负舒适，反过来也是如此，心理达到一定程度的正舒适可以代替和补偿生理存在的大体等值程度的负舒适；同理，生理存在的一定程度的负舒适可以经由心理获得的一定程度的正舒适予以代替和补偿，或者心理存在的一定程度的负舒适可以经由生理获得的一定程度的正舒适予以代替和补偿。我将这种代偿关系和功能称之为生理与心理舒适代偿效应。

这里所说的一定程度，指的是负舒适尚在可以承受的程度，并未达到接近极限的无法承受的程度。一旦达到接近极限程度，其代偿功能便不再发挥作用。

所谓大体等值程度是指正负相抵大体相当，而不能差异太大，比如遭遇失恋挫折的姑娘不会因为一顿美餐或一个有意思的小玩具而代替或补偿内心的伤痛，而可能因为又一次获得美满的爱情或者因为自己一直所热心倾注的事业获得了巨大的成功，从而实现了相应的替代和补偿。大体等值程度可以理解为正负两个事项给人带来的生理或心理的舒适指数或幸福指数在绝对值上基本相等或相近，这样才能使一个人所感受过得意和失意的两类事情可互为代偿。

代偿的结果，得意的事可减轻失意的事所造成的痛苦、焦虑与不安，有利于实现心态平衡和心理舒适；相反，失意的事可以给得意的事所带来的乐观情绪降温，有利于使个体自我的心态变得平和而低调。

在日常生活中，一块面包对于美丽的爱情而言，通常并不具有代偿功能，但对于长时间挣扎在饥饿之生死线上的人而言，面对死亡的威胁，可能会选择面包而不会选择爱情。在这种情况下，获得食物和失去爱情之间可能就产生了一定的互补性代偿功能。面对饥饿的威胁，要爱情所获得的正舒适感或满足感和失去食物所带来的负舒适感或饥饿感是可以实现大体对等性代偿的。生命、爱情和自由三者相比，以它们给人所带来的生理舒适和心理舒适的重要意义来看，在不同的环境下均是可以大体对等替代和补偿的。

还比如，一个男人中年丧妻，后来又娶了一个奇丑无比的媳妇，与前一个漂亮媳妇比起来显然不是很满意，又想到周边几个好朋友差不多都有漂亮媳妇陪伴，自己的心理似乎总有点不平衡。但到了夜晚恩爱起来，丑媳妇丰乳肥臀，性觉洋溢，高潮迭起，这与前一个多少有点性冷淡的漂亮媳妇比起来，他在生理上所获得的满足要好得多和幸福得多，用时髦的话说就是性生活质量要高得多。这使他反而视丑妻如至宝，千金不换了。于是在心里默默地想："漂亮有什么用！漂亮不如实用！"生理的满足代替和补偿了心理的缺憾，生理的正舒适代替和补偿了心理的负舒适，这显然是生理与心理舒适代偿效应发挥作用的结果。

再比如，一个普通小职员因一次车祸导致瘫痪，长年卧床不起，痛苦万分，为了生计，他选择以写作为生，第二年果然写出了一部作品，发表出来，竟一举成名，身价百倍，多所著名院校花重金邀请他去讲学，他的荣誉欲、价值欲、尊重欲一下子都获得了满足，达到了最高值，正可谓"人逢喜事精神爽"，此人此时心里格外得意和舒适，对于因身体瘫痪而给自己带来的痛苦的负舒适也就不再过于挂怀，有时甚至想到如果没有发生车祸，自己也不至于获得后来如此巨大的成就、名分和身价。这也是生理与心理舒适代偿效应发挥作用的结果。

由此可见，代偿是我们每个人都在有意或无意间经常使用的秘密武器，它不仅可以用来平衡我们的生理世界，也能用来平衡我们的心理世界，同时还能使我们在生理与心理之间找到适度的平衡点。

事实上，在社会管理或企业管理活动中，管理者也在有意或无意间利用利益代偿功能实施有效管理，比如对于未能给予如期晋级的员工转而用其他利益替代，或者对表现不良的员工做出降级处理，让他们在低层次岗位上接受教训和自我反省。

同时代偿功能也经常在谈判桌上发挥特有的作用，在同质化利益不均衡时可以借助非同质化的物质或精神利益的代偿功能置换谈判条件，以达到谈判各方的心理平衡。比如以付款方式的慷慨换取价格上的让步便是商务谈判中经常用到的代偿方法。

七、欲望的自我膨胀性特征

历史到今天为止有三个最著名的苹果：一个诱惑了夏娃，一个砸醒了牛顿，一个成就了乔布斯——可以说这三个苹果象征性爱、求知和创新，如同人类进步的三个阶梯。而每一种进步都是欲望驱动的结果，而最强烈和最冒险的驱动则来自于不断膨胀的欲望。

欲望有公私之分，公欲和私欲；欲望有合理与不合理之别，合理欲望与不合理欲望。不管是公欲还是私欲，都有合理与不合理之别。私欲的客观存在及其发展具有其合理性，但并不意味着对极端个人主义、利己主义的认同和鼓励。私欲的合理性必须建立在不损害他人利益的前提上。一旦这个前提被破坏了，其合理性便不复存在。

这就意味着私欲的外边有一个界限，其界限就在于合理性上。一般而言，不管哪一种欲望，都具有自我膨胀的特征，在更多的时候，私欲更容易犯自我膨胀的错误，因为膨胀而突破合理性的边界，侵犯了他人或公共利益，从而很可能受到当时社会道德或法律的追究和制裁。

叔本华也曾说过："欲望具有不知餍足的特性，欲望的过度释放会造成破坏的力量。"其所破坏的不止于他人利益，也包括自己的利益。中国的老子也说过："罪莫大于可欲，祸莫大于不知足，咎莫大于欲得。"

欲望是人类难以摆脱的心灵魔杖，驱动着人类的行为随之俯仰。在欲望面前，自制力常常表现得苍白而软弱。

欲望膨胀是指欲望主体某一个属类的欲望呈现无止境增长、扩大和提升的现象。一个人挣钱，总是希望越多越好，没有止境；一个人拥权，总是希望越大越好，没有止境；一个人住房，总是希望越豪华越好，没有止境；一个人购车，总是希望越舒适越好，没有止境。

当欲望膨胀幅度在一定阈值范围之内，便是人类进步的动力；当欲望膨胀幅度超过一定阈值范围之后，便是人类进步的阻力，甚至带来社会灾难和个人灾难，造成人类文明的逆行和破坏。

如果不是因为有法律制度的监督，一位贪官敛财的目标就没有上限；一个执政集团或者利益集团也是如此，如果没有完善的制约机制，集团欲望也会无限膨胀，直至撑死而灭亡；如果没有暴力反抗和民主进程，卡扎菲就不会自动下台。

在城市里，我们看到的似乎所有人都在为挣钱买房娶老婆而奋战不休，让挣钱心切的人们停下匆忙的脚步去陶冶一下情操简直是痴心妄想。有的人钱紧的时候买个二手汽车就是他最大的心愿，当手头稍显宽裕，便开始按耐不住地计划豪车和美庐了。伴随着金钱的增加，个人欲望也在上升，于是不断地为达成更多更大的心愿而忙碌奔波。

但欲望的膨胀常常会撑破心灵的气球，为了所得更多，所获更好，一些求成心切的人便开始寻找捷径，开始投机钻营，开始弄虚作假，开始肆无忌惮。于是，社会上一桩桩一件件贪污腐败的事件、利令智昏的事件、以身试法的事件便接二连三地发生，不断引起社会性地震，不断突破普通民众的心理承受底线。

欲望这个怪兽拥有一个普通人的胃，却长着一头巨大的狮子一样的嘴，遇到想要的东西不但狮子大开口，而且还要吃着碗里的，望着锅里的。这就使欲望变得不近人情，不谙事理，不识深浅。

膨胀的欲望就像水银柱里的水银，随着温度的迅速提高，水银便会沿着水银柱飞快上升，直到彻底把自己炸开。所以，也有人说，欲望和气球一样，通常只有两个结局，一个是干瘪，一个是爆炸。

因为欲望具有自我膨胀性特征，所以欲望不是绝对孤立的东西，它需要理智的调控与节制。人不能做欲望的奴隶，要尽可能地做理性精神支配的人，而不要做甘于被本能器官支配的人。

八、欲望的衍生联动性特征

欲望既不是封存于内心世界的孤立的幽魂，也不是遨游于外部空间的无线的风筝。一个欲望产生出来之后，以生理性感觉、心理性感受、情绪性感动或精神性感应为导线，一头连着匮欠，一头连着目标，两者之间始终处于一种类似于无线电的讯号感应与传导状态。

而且不止于此，匮欠和目标都是一种变量，匮欠会随着时间的延伸和能量的消耗而不断加重，目标随着外界环境和客观条件的变化而不断发生异动，与目标相关或相连的其他客体和其他欲望主体也都可能会对这一目标施加影响或被这一目标所影响。单次欲望如此，属类欲望亦莫不如此。

一个高远的欲望，会牵动着若干小欲望甚至无数小欲望为之倾心，为之服务，为之驱使，为之株连。

比如一个人混迹社会，自叹怀才不遇，深感人微言轻，于是想混个一官半职，弄个体面的身价。但苦于出身寒微，地位低下，朝中无人，一时找不到终南捷径。他深知改变不了客观，却可以改变主观。于是他把自我修炼放在第一位，信奉事在人为，只要自己做到了，做好了，就自然会赢得伯乐的赏识和提携。

这样一来，为了升官高就，他努力钻研业务，熟练掌握工作技能，天天起早贪黑，加班加点，克勤克俭，任劳任怨，吃苦在前，享受在后，一面还要夹着尾巴做人，既要讨好领导，还要讨好同事，如此等等，都是为了一个目标——当官掌权。

正是在这个大目标的诱引之下，使得每一天、每一季的很多小欲望都受到了这个大目标的统摄和驱役，为这个大目标服务。如果没有这个大目标在前面摇旗呐喊，鼓动诱惑，他何苦心甘情愿地去吃苦耐劳并卑躬屈膝地讨好他人呢！

这说明大目标会衍生出很多小目标，而且这些小目标一个一个有规律地串连在大目标所牵出的丝线上，具有牵一发而动全身的效应。一旦大目标崩溃解体，那么当初为了这个大目标而串连在一起的小目标也会一下子支离破碎、溃不成军，正所谓树倒猢狲散。

我们把一个大欲望衍生出很多小欲望，或大欲望套着小欲望，并且始终顺应着大欲望的方向而动，为大欲望服务和驱役的现象，称之为欲望的衍生联动效应。

其实，欲望的衍生联动效应是从某些基本需求蔓延开来的，比如吃饭是基本需求，吃饭时我们另外还会延伸出另一个需求就是要有一个瓷碗，而得到一个瓷碗就需要把土烧制成陶器，烧土就需要挖土，这个时候就会需要工具，因此就需要技术人员，各种各样的需求混和在一起，构成了一个欲望蔓延横流的世界。

明末清初的《解人颐》一书在讲到“欲望”二字时，有这样一段入木三分的精彩描述：“终日奔波只为饥，方才一饱便思衣。衣食两般皆俱足，又想娇容美貌妻。娶得美妻生下子，恨无田地少根基。买到田园多广阔，出入无船少马骑。槽头扣了骡和马，叹无官职被人欺。当了县丞嫌官小，又要朝中挂紫衣。若要世人心里足，除是南柯一梦西。”

这就是说，人的欲望是很难得到全方位满足的。满足了一个还会有新的欲望冒出，循环往复，以致无穷，这一切都是欲望衍生联动效应所致。

九、欲望的层次递升性特征

欲望是有层次的。这一点是我在本书中所开创的欲望动力心理学理论的基础。欲望的层次关系在本书第二篇有具体详实的论述。

欲望是生理功能驱动下的产物，而所有心理内容又都是欲望驱动下的产物。人的心理成熟的高度也是欲望层次上升的高度。根据欲望的定义，我们知道，欲望既是匮欠也是目标，就像粒子所具有的二象性特征一样，有时欲望会表现为一种匮欠，有时也会表现为一种目标，匮欠和目标并非只表现为互不相干的二象性，而是表现为一种能量性或功能性对缺互补的特定关系。但在不同的欲望层次中，匮欠和目标会有不同的象性表现。

对于较为低层次的欲望形式，匮欠的生理感觉性特征和目标的物质刺激性特征都会表现得很实在，很基础，其线条简单，边界清楚，象性明显。而发展到了较为高层次的欲望形式，匮欠的心理感受性特征和目标的精神刺激性特征便会凸显出来，而且也变得更为复杂，更为虚幻，更为模糊，一般很难找到清晰的边界。

从物质性欲望上升为精神性欲望，所经历的心路历程不是简单划一的直线，而是层层递进、步步高升的阶式路线。沿着这条路线，我们可以找到人类精神形成的轨迹，找到客观变主观和主观变客观的心理变化的节点和智能上升的链条。关于这一点，读者朋友尽可以在我著述的欲望动力心理学的相关章节中找到更具说服力的答案。

以上所阐述的有关欲望的九大基本特征，或为荦荦大者，或为理论层次稍显幽微者。鉴于欲望内涵博大精深之特点，其他一些显在浅近的基本特征在此未予逐一论列。比如，欲望的趋利避害性特征、欲望的贪大求全性特征、欲望的得寸进尺性特征、欲望的好高骛远性特征、欲望的喜新厌旧性特征、欲望的急功近利性特征，等等，不一而足，因其意义显明，撮题即解，无须赘述。

第二篇　欲望层次理论
——欲望产生的认知路线图

我们通过以上追根朔源，已经发现，一切欲望都是生理系统及其机能的产物。不限于人类，也包括动物在内，只要有欲望产生，便一定源于其生理机能在运转过程中发生的能量变化反应。

离开了生理机能或功能的所谓纯精神性的欲望是根本不存在的。即便是那些诸如控制欲、支配欲、权力欲、荣誉欲、价值欲或归属欲等高层次社会性或精神性欲望，也不过是由这些生理欲望在发展和延伸过程中不断衍生、次生或派生出来的远程产物。

正如弗洛伊德所认为的那样，不管一种思想多么高深，其成就多么伟大，它最终必然与生理需要的满足有关。所以，要讨论欲望问题就必须把目光和注意力转移到生理学上来，转移到人或动物的生理结构及其功能上来。

从本书给出的欲望定义中可知，欲望产生于人体神经智能对于各种生理组织和生理机能中的匮欠性刺激或对生理组织和生理机能有意义的目标性诱惑。匮欠的生理性与目标的客观性是欲望产生的第一层物质基础，匮欠的虚在性和目标的实在性构成一种呼应性对立与统一关系。

而匮欠在人的生理系统中产生的部位、时序、路径、方式、机理，决定了欲望的属性、层次和特点；同样，目标性诱惑的性质、特点、质量、用途等也决定了与生理组织之间的关系，而这一切都要经由神经认知系统来感觉、观察、认识、捕获、梭巡、检视、锁定、延展和扩充，对匮欠的感觉和认知决定了欲望的目标、属性、程度和特点。

认知方向、范围、层次决定了欲望方向、范围和层次；欲望方向、范围和层次反过来又会对认知方向、范围和层次产生意志驱动作用和目标锁定作用。

这就是说，认知层次低下、认知范围狭隘的人，其欲望层次也高不到哪里去，其欲望范围也大不到哪里去，其欲望目标也明确不到哪里去。不同的欲望方向、欲望程度、欲望层次和欲望范围决定了人的智能、心理、意识、情感、理性、智慧和精神发展的方向、程度、层次和范围，反过来也一样，人的智能、感觉、心理、意识、情感、理性、智慧和精神等认知方向、程度、层次和范围也对人的欲望方向、欲望程度、欲望层次和欲望范围产生决定性作用。

这就使欲望的产生和发展过程高度契合了认知神经科学的基本范式和理论模型。

人类欲望发生和发展的过程与神经认知的发生和发展是同步和同向的。每个人的欲望总是伴随着自身生理发育程度、神经感觉发育程度的提升和变化以及整体认知能力的提升和变化而不断获得提升和发生变化。

人作为生物体在发育成熟以后，特别是在神经感官发育成熟以后，从最简单的本能性感觉（简称本性智能）出发，就像变戏法似的随手牵出了本性欲望的战马，借着外部感觉指引的方向策马扬鞭，径直朝着外部世界的某个特定目标冲杀过去。

在欲望的驱动下，人类自我意识逐渐得到开化和提升，此后自我意识与欲望并行不悖，形成了一种特殊的交替性互动关系，你牵着我，我拉着你，携手并进，共存共生，互承互益。

人类自我意识正是在欲望驱力的作用下，在与外在万千事物的接触中获得了长足的发展与进步，逐渐从被动走向主动，从受动走向能动，从模糊走向清晰，从简单走向复杂，从狭隘走向广阔，从呆板走向灵活，从单一走向复合，从低级走向高级，构成了步步高升的智能层次结构和认识递升规律。

而正是在这种智能层次结构和认识递升规律的推动下，欲望沿着智能与认识逐层上升的路线呈现出一种亦步亦趋、同步共轭的层次结构性特征。

值得一提的是，我的欲望层次理论与马斯洛的需求层次理论存在着本质的不同，远非限于欲望与需求两者字面含义的不同，更体现在研究方法和研究路径的不同，逻辑结构机理的不同。

马斯洛的需求层次理论采用的是经验方法，主要是观察法、比较法、归纳法和举证法，几乎完全忽略了人类需求与人类智能及其认识过程的互联互动关系。

我的欲望层次理论是按照人类神经智能及人类认识发展过程的逻辑和脉络，亦步亦趋地推演出来的，采用的是理论方法和系统科学方法，主要是推理法、功能分析法、跨学科研究法。尽管两者都表达了逐层上升的逻辑趋向，并在上升过程中显示出某些极为相似的特性，但这并不意味二者之间是一种简单的借鉴关系。

而且只有在欲望层次理论成立的前提下，需求层次理论才有成立的可能性。另外，需求层次论更像是从需求与供给的经济学和社会学方面富有更多的指导意义，而我则坚信欲望层次理论对人类生活的各个领域都具有明确具体的指导意义。

人类欲望按照自身智能和认识过程逐步发展和上升的逻辑结构，可以划分出八个基本层次，即本性欲望、感性欲望、知性欲望、情性欲望、理性欲望、慧性欲望、神性欲望、动性欲望。

第一章　本性欲望
——人类欲望的第一层次

相对于自然界而言，人类的本性来自于其自然而然的本能。讨论本能的权威学者弗洛伊德对此也有同样的认识，他说：“人格的各个方面都起源于生物本能。无论怎么强调这个观点也不会过分。”

一、本能的概念

本能是与生命相伴而生的产物，是上天赋予的特有的生命现象。对于本能的概念，学界的争论至今没有停息。

我在本书中的观点则又有不同之处，对于人们目前普遍接受或半接受的本能的概念，不论对其内涵和外延，都未能给出足够严谨的规定性。我们可以通过下面的讨论，力求为本能的内涵和外延找到更为明确的边界，以便让人们不再过于宽泛或狭隘地理解和使用这一概念。

所有的生物都具有一定的本能，并且毫无例外地都是向着求生、求好、求全、趋利、避害的方向发动和施展的。广义地讲，包括植物，如青藤缠树、红葛爬墙、葵花向阳、含羞草在受到外界刺激时会将叶片沿主枝并拢以保护自己等等，都是本能的表现。

动物的本能尤其明显，如蜘蛛织网扑食、蜜蜂跳舞传递信息、鸟类迁徙以适应季节与气候的变化、蜥蜴变色保护自己等等。人类的本能从最基本的意义上看，同动植物的本能一样，也同样都是向着求生、求好、求全、趋利、避害的方向发动和施展的。包括吃喝拉撒睡等用以实现生理平衡的本能，也包括交配与繁衍、运动与休憩、联系与认知、社交与独立等等，都是为了更好地保全自我、发展自我和实现自我的本能所系。

根据以上的讨论，可以给本能定义如下：本能是天赋的生理结构和生理机能在内部感觉的驱动下自动施展而不须受主体意识支配的受动性反应能力和被动性行为本领。这种反应能力和行为本领是生理活动的能量、能力、功力和效力的有机结合。

人作为一个生物学意义上的个体，自胚胎孕育之日起，便开始有了本能内容的发生。本能是研究欲望无法跨越的第一道门槛，也是一个最原始、最基础的质能结构级别。

一切本能的东西都是从胎盘里孕育并成熟起来的，所谓“娘胎里带来的”不学而能的天赋的东西即是本能，包括为保证自身生理正常运转和自我完好存在性所施展的能量、能力、功力和效力。

本能首先是一种能量，一种由多种有机和无机的客观物质构成的生物体能量。自娘胎里孕育之时便开始对这些能量进行积淀和储备，出生以后，则以相对独立的生物体形式而存在，并通过能量的不断释放和补充而实现生物体的正常延续；其次是一种能力，一种天赋的生理能力、反应能力、感觉能力和应对能力；再次是一种功力，一种针对于各生理组织和生理器官来说，各有其用、各行其是以及相互协调的功力；最后是一种效力，一种由能力做功产生的平衡与舒适的效果与体验。

本能的能量主要体现在三个方面：

一是人体物质性能量，即构成人体的每一种物质都具有其独特的能量，而由不同物质合成一个整体后，则更具有整体大于部分的效应性能量。

二是人体交换性能量，即通过新陈代谢而实现的与外在环境的能量互动、转移和交换。

三是人体结构性能量，即特殊的人体结构体现了能量的特殊存储形式和表现形式，这种形式不但十分适合于内外能量的运行和交换，而且也十分适合于用来适应和应对各种环境的变化。

本能的能力也体现在三个方面：

其一是通过内部感觉产生对于内在生理匮欠的反应能力，比如对于饥饿、疼痛、瘙痒、麻木、酸胀、眩晕等内部生理环境中的各种事件做出感知性反应，从人类神经智能（神经反应能力）和大脑意能（大脑认知能力）发展的整个过程上来看，内部感觉可以被认定为本能性智能，简称本性智能，本性智能是人类智能的起点和发端。

其二是通过不受意志支配的植物神经而对生命个体内部环境包括机体组织及其生理活动的内部协调能力，比如心脏跳动、胃肠蠕动，以及受到性刺激时，性腺分泌润滑液体等等，均属于植物神经的本能性反应。

其三是通过不受意志支配的植物神经而自动达成与外部环境的内外协调能力，比如眼睛在遇到阳光强烈刺激时会自动眯起来，被风吹或被烟熏时会溢出眼泪，再如当身体某部位发生瘙痒时，手会自动伸过去抓挠解痒，如此等等，都不必依赖于意志的直接控制，即能自动施展和完成。

这种动作性反应表面上看是躯体运动神经支配的结果，但从其不受意志支配的特征上分析，也应当属于植物神经控制的范围之内，这个观点与传统的所谓植物神经只局限于人体内部的理论多少有一点相左，但从人类活动的实践上看，在人体内脏以外，确有一部分运动机能，并非直接依靠躯体运动神经的意志性管控而发生的，这说明人体植物神经并非仅局限于支配内脏器官的内部运动，也能从人体内部延伸出来一部分，支配人体其他部位的非意识性运动，包括眼睛眨动、嘴巴咀嚼、鼻翼翕张、四肢伸屈等简单的运动功能。

以上两种协调能力，有时都可以无须借助主体意识的特别激发、支配和驱动便能发动出来。

本能的功力在于生命个体为了保障自身的完好存在和正常延续，而必须发动各生理组织、器官按其所具备的天赋的能力做功，意味着每一个组织、器官都天然地各得其用、各显其能，不但要完成各自担负的生理功能，而且还要相互配合，有机协调，以保证和实现整个生理系统达到良好的运行状态。

本能的效力在于通过自身生理能力的施展和功力的发挥，而实现生命个体生理内部环境的整体平衡，并在此过程中获得舒适感觉。

所谓平衡，在本能反应阶段，主要针对人体生理出现匮欠而言的，让匮欠得到补偿，使生命体对自身的生理活动始终能够维持正常的运行状态，即为平衡。

这个平衡过程是植物神经和躯体运动神经相互配合维护的过程。其中，植物神经自动支配、控制和协调机体新陈代谢等活动的正常运转，而躯体运动神经则是为植物神经服务的，非为自动，而为他动。当机体发生匮欠性问题时，植物神经便会通过毗连的传导神经向中枢神经发送报告，并通过中枢神经支配躯体运动神经为机体平衡做出协调性或应对性反应。

所谓舒适，在本能反应阶段，主要针对主体神经因生理匮欠产生的感觉而言的，匮欠阶段的不适感要经由欲望满足过程而获得舒适感。这个舒适过程是外部感觉和内部感觉在互动中实现的。

匮欠和舒适的交错性、拮抗性和拓扑性运行，构成了人体生理活动的一道亮丽的风景，从而也驱动人的感觉、欲望、心理、情绪、思维、意识、精神等都在这道风景线上陆续呈现出来。

从这个意义上说，人类应该感谢匮欠。正是匮欠，才使人产生了为填平匮欠而发动的欲望驱力，才使人在填平匮欠过程中产生了舒适的感觉和幸福的体验。甚至可以说，匮欠是幸福的源泉，没有匮欠便没有舒适的神经感觉，便没有满足匮欠过程中的幸福体验。

对于生理匮欠问题，我们通过上面的讨论，似乎已经比较了然于心。而神经感觉虽然在我们身上时时刻刻存在着，运转着，但有很多人或许并不清楚个中机理。

二、欲望与内部感觉的关系

本书虽然是一本心理学方面的专著，但考虑到其中所阐释的内容事关每一个人的现实存在，并非仅供专业人士作学术研究之用。为了照顾非专业人士也能轻松阅读本书，我对那些在专业人士看来无需解说的心理学概念和术语也不厌其烦地做了普及性的阐释，这些阐释也加入了我个人的某些独到的思索和见解。

传统心理学对感觉的定义是：感觉是人脑对直接作用于感觉器官的客观事物个别属性的反映。

我们可以通过举例的方式对这个定义做出比较完整的诠释。比如当苹果作用于我们的感觉器官时，我们通过视觉可以感应它的颜色和大小，通过触觉可以感应它的软硬度和光滑度，通过嗅觉可以感应它的香味，通过味觉可以感应它的甜味，通过听觉可以感应咬破它时发出的清脆声音。

这样，我们每一个感官都只能了解苹果某个方面的属性，而且，五大感觉器官一般不可能同时了解到所有的属性，其中某单一的感官所了解的个别属性的过程即为感觉。

客观事物的刺激在感官内引起的神经冲动，由传导神经传导于大脑皮层的一定部位，从而产生感觉。人类通过对客观事物的各种感觉认识到事物的各种属性，而后通过综合才能上升到知觉的层面。

在人类认识的整个发展过程中，感觉是认识上升的第一个台阶，是人类个体自我获得一切知识的基础和前提。

感觉是感官、脑的相应部位和介于其间的传导神经三部分所联成的分析器统一活动的结果；感觉也有一个不断演化和进化的过程。

无机界没有感觉，只有跟感觉类似的反映变化的特性，即单纯的物理或化学反应；随着生命的出现，产生了最原始的生物反应模式，即刺激感应性。这是植物和原生动物都具有的反应形式。

刺激感应的特点是：生物体自身与外界进行质量和能量的交换，表现为趋光、趋水、趋营养、趋利避害等形式，从而通过自我更新和新陈代谢，获得生长能力；生物体有感觉细胞、神经细胞，可制导生物体收缩伸张，定向自我运动或称泛化反射。

刺激感应性已包括感觉的萌芽；正是在刺激感应性基础上发展起来的感觉，使事物裂变出了两个世界模型，一个是客观物质世界，一个是神经感应世界。

动物感觉能力在进化过程中随着分析器的专门化分工而变得越来越明确、具体、清晰和全面，人类的感觉在复杂的生活条件下和变革现实活动中得到高度发展，不但具有本能的动物性神经感觉，还具有了超越本能的社会性知觉。

感觉不仅能反映客观事物的个别属性，而且，也反映我们身体各部分的运动和状态，例如，我们可以感受到心脏在跳动，胃肠有时发生剧烈收缩，感觉到双手在举起，身体在倾斜，等等。

传统生理学和心理学依据刺激物的来源和产生感觉的分析器不同，可以把感觉分为外部感觉和内部感觉。

外部感觉是由身体外部刺激作用于感觉器官所引起的感觉，这类感觉反映的是外界事物的个别属性。它们的感受器都位于身体的表面或接近身体表面的地方，包括视觉、听觉、嗅觉、味觉和肤觉，其中，视觉和听觉在人的生活中最为重要。有了外部感觉，我们就可以分辨外界各种事物的颜色、声音、软硬、粗细、重量、温度、味道、气味等属性。

内部感觉是由身体内部刺激所引起的感觉。这类感觉反映的是我们身体位置、运动和内脏器官存在状态及其变化的特征。内部感觉包括运动觉（动觉）、平衡觉（静觉）和机体觉（内脏感觉）等。有了内部感觉，我们才能了解自身各部分的位置、运动、姿势、心跳、饥饿、干渴等。

内部感觉关注的方向在于身体内部的生理性变化。人类产生的本能性反应基本上都是通过内部感觉实现的。内部感觉神经与不受意志支配的植物神经相互配合，共同协调和控制内部生理器官的运动，这种本能性协调能力和控制能力应该是人类意识产生的内在生理性基础。

但是，因人体内部信息具有无法凭借外部感官观察的特性，加之不与外界事物直接联系，导致内部感觉无法形成明确的意识活动，所以，人的本能所具备的意识含量必然是极低微的，这就导致人的本能性生理活动也基本上是不受意志支配的。

从匮欠到感觉，从感觉到欲望，这其间有一个逻辑时序必须加以澄清：

第一步是匮欠发生期，是植物神经（自主神经）管控区出了问题的时期，也是欲望萌芽期。

第二步是匮欠发现期，是躯体运动神经支配下的内部感觉发现问题的时期，也是欲望崭露期。

第三步是匮欠反应期，是内部感觉对匮欠做出反应的时期，是自我产生不适感的时期，也是欲望发动期。

第四步是匮欠协调期，是内部感觉传递匮欠信号到神经中枢，由神经中枢发号施令驱动外部感觉寻找和锁定填充物目标，在目标被锁定后又驱动人体效应器对匮欠问题进行有效处置的时期，也是欲望寻求满足的时期。

所以，本能层面的欲望是从第二步开始发生、在第三步开始显现、在第四步正式达成的。

机体发生匮欠是一回事，神经能够觉察到匮欠则是另一回事，同样，觉察到匮欠是一回事，而对匮欠的不适感能否做出应答反应则是又一回事，这几回事合成一回事，便产生了欲望。

比如植物人身体内部发生匮欠是一回事，但他的神经系统如果不能感知匮欠，便无法迈出第二步，便不会有“另一回事”出现，更不会产生“又一回事”，因而不能产生欲望。

内部环境的平衡与舒适指的是生命体内部各个组织之间保持自身生理活动处于平衡状态和自洽状态，以及与外部环境之间保持能量补给与释放的平衡状态和自在状态，这是人体内植物神经管控区与躯体运动神经管控区的自洽性和藕合性协作的结果。简单地说，达到生理活动的平衡与自洽即是本能要实现的效果或效验。

一切欲望均发端于由匮欠性刺激引起的神经性局部反应，并由神经性局部反应而上升为神经中枢的整体性反应，进而上升为意志性欲望反应。而本性欲望则发端于神经智能中最基础部分的内部感觉，显示本性欲望所具有的基础性和原生态地位。

我们把主体针对躯体内部环境发生的物质能量性不平衡匮欠或生理功能性不平衡匮欠，而引起的内部感觉所做出的对外在事物或外在环境的期待性应答反应，称之为本性欲望。

按着本性欲望的层次特点，我们还可以为本能追加一个简单的定义，即由本性欲望所产生的能量、能力、功能或效能，即可以称之为本能。主要体现为针对内在生理性匮欠的意志力和反向驱动力。

可以说，正是本性欲望启动了人类生命的运动程序和人类精神的启蒙程序。或者说，正是本性欲望驱动人类的感觉从内部向外部的“他者”投去目标性的一瞥，并藉此建立和实现了人与物之间亦即主体的人与客体的物之间的有方向性的联系，以及在联系基础上所建立的主动与被动关系和对于匮欠的填补关系。所以，人对于物的依恋是一种天性，这也是人的物质性和客观性的根本体现。

古希腊哲学家柏拉图曾经说过，由于艾比米修斯的过失，致使人类身体缺乏“适宜的力量”，依靠自身则无以为生。正因为人类身体能力的不足，导致人受制于自己的身体。为此，法国哲学家列维纳斯说：“作为一个身体，一方面意味着，自己站立起来，成为自身的主人，另一方面也意味着，站立在地球上，处在他者之中，因此被自身所阻碍。”这说明人是一个有限的存在，每个人都有所不足，有所缺乏，都无法自给自足，需要依靠外在于自我的他者而生存繁衍。

由于人类无法通过自己的身体本身来维持能量的平衡，当能量逐渐消耗而无法得到及时补充之后，身体就会产生匮欠，并由匮欠的刺激产生对匮欠的神经性反应即匮欠感。填充和补给这一匮欠便成为一种期待并必须依赖他者，他者并不是以隔绝的纯粹的他者形式而存在，而是作为“我”的生理功能发挥作用的对象，作为“我”的养料、手段和工具而存在的。

“我”通过劳动、收获、消费、消化、吸收等各种活动，最终将他者变成“我”的营养、“我”的血肉、“我”的身体构成要素，从而使他者达到与自我生命的高度同一。正所谓“在需求中，我们可以将牙齿啮入实在，并同化他者以获得满足。”[（法）列维纳斯]

人类欲望的满足就是通过同化他者的形式实现的。这就从人类的物质存在的哲学逻辑上证明，人类必须依赖他者才能生存，人类必须走出自我迈向他者并与他者建立联系之后才能生存。

正是发端于内部感觉的本性欲望的启发和驱动，才使人的感觉的触角探头向外，借助人体的外部感官及其功能，向着丰富多彩、包罗万象的外部世界的“他者”伸展出去，并成为人类认识迈向观察、了解和探索外部世界的第一步，从而使外部感觉真正派上了用场。

本性欲望自发生以后，便成为人类其他欲望及其一切活动的最原始的内驱力，人类的认知活动、心理活动和意识活动也正是从这个时序和环节上开始萌动，并藉此形成比较完整的人类智能流和意识流。

欲望的产生既离不开生理匮欠，也离不开神经感觉。

本性欲望的发动方式是由内而发，即先有内在的生理匮欠的刺激，而后由内部感觉性神经智能把这个信号传递给大脑，并产生注意性认知反应，随着匮欠程度的加重，注意程度也随之加强，接着，大脑分析器对匮欠之负舒适感产生“不要”的拒止性反应，而后才能产生寻求填充匮欠之目标以平复负舒适而获得正舒适的应答反应。

人类欲望层次推动着人类认知层次的不断上升，并最终由神经智能分化和转换为主观意能（意识能力或认识能力），而主观意能层次的不断上升也反过来推动着欲望层次的不断上升。欲望决定了人类的行为目标，而意能（意识能力或认识能力）决定了人类的行为方式或方法。

三、欲望与注意的关系

对于来自内部的刺激之体验或来自外部的刺激之体验是否有所指向、选择和集中，则是人类意能层次能否得到上升的又一关键环节，这一环节不是别的，而是注意。可以说，正是注意这一特殊的主观性认识工具，启示人类产生了对内在刺激或外在目标的有目的性的关注和聚焦，这是一切欲望在人类认识过程中必然经历的环节。

注意是指人的意识对一定事物及其特点的具体指向和集中。正因为有了这一次指向与集中，才使得人类对自我某种境况或对事物某类特征的感觉和知觉更准确了，更具体了，更全面了，更清晰了。这一次指向和集中，不亚于一次聚焦和拍摄，不亚于一次瞄准和射击，不亚于一次进攻和占领，相当于把一个区域、一片领地、一类事物真正地控制和摄取在自己内省的视镜里了。

只有对于主体欲望具有特定意义的目标才能引起主体产生注意。注意有两个基本特征，一是指向性，是指认知活动有选择的反映一些对象而离开其余对象。二是集中性，是指认知活动停留在被选择对象上的强度或紧张度。指向性表现为对出现在同一时间的许多刺激的选择；集中性表现为对干扰刺激的抑制。它的产生及其范围和持续时间取决于外部刺激的特点和人的主观欲望因素。

注意是有选择的加工某些刺激而忽视其他刺激的倾向。它是人根据内部感觉的特定需要而发动外部感觉（包括视觉、听觉、味觉、触觉等）和知觉等对一定对象的选择、指向和集中（同时也是对其他因素的排除）。

人在注意着什么的时候，总是在体味着、感知着、记忆着、思考着、想象着或体验着什么。人在同一时间内不能感知很多对象，只能感知环境中的少数对象。而要获得对事物的清晰、深刻和完整的反映，就需要使认知活动有选择地指向对主体欲望有意义的对象。

人在清醒的时候，每一瞬间总是注意着某种事物。通常所谓“没有注意”“没有在意”，只不过是对当前某个事物没有注意和没有在意，而注意了其他更感兴趣的事物，而更感兴趣的事物有时不一定是最重要的事物。

很显然地，本性欲望最终总要针对于某个特定的生理匮欠而发动，对这一匮乏或者对填充这一匮欠的目标物的感知，并不直接也并非必然意味着对这一目标物的依恋和占有，而只有产生了对这一目标物的依恋和占有的冲动才是本性欲望的皈依所在。

正是通过注意这一认识过程，通过注意的聚焦和推动，才使人类的感觉也有了指向，有了选择，有了集中，有了更全面清晰的认识，并藉此使人类的认识层次从感觉层面逐渐提升到了知觉层面。

这说明，人类的欲望首先是从内部感觉中开始酝酿的，是从饥、渴、胀、晕、痒、疼痛、窒息、便意、恶心等内部感觉的反应中开始发作的，然后通过注意，实现了内部感觉对主体自我的匮乏性认知，并同样通过注意，实现了外部感觉对外在他者的填补性认知。

在上列感觉阶段之后的智能反应和意能反应过程并非直接进入知觉阶段，而是直接进入注意阶段，再之后才会进入知觉阶段；知觉之后也要经注意这个环节才能对事物形成更清晰完整的表象。

这一点也与传统心理学家对人类认识过程各个环节的定位具有某些明显的不同。漏掉了注意这个环节，就会使人类认识的脚步发生踏空现象，并很难上升到清晰明确的知觉层次，以致很难将认识向前推进。所以，注意的重要性是不言而喻的。

事实上，人类个体在整个认识过程中，较低级的认知形式并非用过一次便完事大吉了，在后续和后期的认知过程中，前面较低级的认知形式也会在后期的认知过程中被经常地使用到，甚至在后期高级阶段，前期的认知形式有时会与后期的认知形式交错运行，构成了前赴后继、相携相助、波翻浪涌的复杂思维运动形式。

注意具有使被注意的事物特征不断放大的效应，一旦某个事物某个特征被注意到了，那么，这个事物这个特征就会被主观地放大，并很难在注意的意阈中游离出去，这便是注意放大趋显效应。

比如口渴初始阶段，因为忙碌其他事情，可能尚未注意到口渴这一匮欠性事件的发生，待到被人提醒或被目标物提醒之后而注意到了自身发生的口渴事件之后，内部感觉便会越来越倾注于口渴这一匮欠性体验，越来越关心口渴带来的不适和不利，以致感到口渴竟然越来越强烈起来了，此后便开始把注意力转移到水源的目标上，针对水的物欲也越来越强烈起来了。

比如作为具有典型内部感觉之特点的平衡感。一个人一旦发生失衡，便立刻会被感觉到（这是内部感觉），几乎与此同时也立刻会被注意到，否则，没有注意参与进来的话，便会使失衡得不到及时纠正，由失衡而倾斜而跌倒，便会成为不可避免。这也是内部感觉阶段即已产生注意的最好注疏。

注意作为一个古老而又永恒的话题，虽然为很多心理学家所关注，但它并没有提高到与感觉、知觉、情觉、联想、想象等同等的高度上来认识。我通过对于欲望动力心理学的研究，充分认识到，注意作为人类实现并完成认识世界万事万物不可逾越的认知过程和不可鄙弃的认知工具，与感觉、知觉、思维、想象等认知工具具有同等地位、同等价值，其作用和功能不可低估，不可小觑。

正如俄罗斯教育家乌申斯基指出：“‘注意’是我们心灵的惟一门户，意识中的一切，必然都要经过它才能进来。”通过注意，内部感觉将神经认知能力集中到了具体的事物上、具体的点位上、具体的功能上，实现了认知的聚焦和定格，从而使认知过程开始向着知觉的层次进发了。同时，不限于内部感觉，也包括外部感觉，注意所起到的独特作用都是不可替代的。也正是通过注意，万般事物通过局部刺激和局部神经感应渠道而进入整体性的主体自我意识世界、精神世界和主观世界。

不管是对于内部感觉而言，还是对于外部感觉而言，有了注意，就相当于拿到了一架望远镜、聚焦镜、显微镜。而倘若没有注意，这些不论人体内部还是外部的事物及其特征，则只能处于最初感觉的模糊状态。而通过注意聚焦以后，事物的诸多特点、诸多属性开始渐次明确而清晰。

注意是一种与欲望匮欠点或欲望目标物坚密相连的神经反应功能，匮欠就像地平面出现了一块洼地，主体会调动眼耳鼻舌身意等各路神经官能朝着这个低洼处投射和涌入，并竭力寻找相应的填充物目标将其填满；当低洼处被填平时，这一次注意也便终止了；而当匮欠过大时，填充物少了不解决问题，匮欠感依然存在，而注意力也不会从这个低洼处轻易转移。同样，由外部目标引起的注意也是如此，越是对欲望匮欠具有填充意义的目标，便越能引起主体的特别注意，当欲望被填平填满，其注意力便会减弱，直至消失。

所以，本性欲望实质上是由内部感觉及其所引起的主体自我注意性反应而产生的欲望。

这种注意，一方面属于内觉性注意，即由内部感觉根据匮欠的大小、紧迫程度和强烈程度而引起的注意，然后经由大脑而调动外部感觉向外辐射到某个具体的填充物目标上；一方面属于外觉性注意，即由外部感觉引起的对于匮欠具有填充意义的目标性注意，然后经由大脑调动内部感觉而向内辐射到机体内部的具体匮欠点上。

有关于注意的这两种辐射方式，都关乎内在匮欠，关乎外在目标，但前者是主体针对匮欠的内部感觉而发动的注意形式，产生的是负舒适感，藉此可以向外部填充物目标发生感应；后者是主体针对外在目标的外部感觉而发动的注意形式，产生的是正舒适感，藉此可以向内部匮欠发生感应，因此这两种注意形式都会产生本性欲望。

当然，在生理性欲望获得满足的过程中，内部感觉也能体验到被满足时的正舒适感。

而人类本性欲望中的正欲望，有一部分是从外部感觉对于外部目标的注意这个认知环节上开始启动的，这期间被外部感觉注意到的目标常常被大脑中枢追认或追加为内部感觉的某种特定匮欠的特定物质性填充物，从而构成本性欲望中的正欲望，亦即物欲。

四、从本性欲望到自我意识

在本性欲望的内在驱动下，欲望主体第一次产生了自我与外在自然界中的“他者”寻求联系或建立关系的冲动，第一次通过感觉（或知觉）而产生了对外在的物的观察、认知以及依恋、不舍、喜爱或厌恶等简单的情感倾向，并第一次在与外在的他者打交道过程中产生并形成了比较明确的对立于和独立于他者之外的“自我”或“自我意识”。证明“自我”或“自我意识”也有一个出生、成长、成熟和灭亡的完整过程。

自我总是相对于“他者”的出现而出现的，没有本性欲望的内部感觉的驱动或没有对于众多“他者”的外部感觉的注意、搜寻、观察和认知，没有自然界中以另一面非自我性的“他者”作为参照物，便不会产生独立的“自我”或“自我意识”，不会产生体现自我存在的自我认知、自我体验和自我控制的心理过程。

本性欲望首先通过主体自我与机体神经反应的联系而进一步建立了主体自我与外在填充物之间的联系，并进而产生了自我相对于自然界而提出“我不是物”的观念，分离出了“我是我、物是物”的界限。虽然这种认识还比较朦胧和潜在，但毕竟在面对“他者”之时，简单的自我及自我意识已经初见端倪并正式被启蒙了。

本性欲望不但使人产生了微弱的“自我意识”，而且还催生并渐次唤醒了“他者”与“自我”之间的关系或联系的表达意识亦即情感意识。具体地说，人的本性欲望总是有其所看中、所觊觎、所注意的外在的特定目标，这个目标也总是对应着特定的生理匮欠，当这个目标不能及时填补或满足其相应的生理匮欠的时候，则由这一匮欠和这一目标所激发的本性欲望便会越来越强烈，而其相对于自然界中的“物”而产生的“自我意识”也越来越强烈。

这样，“他者”和“自我”的关系意识以及情绪反应也会变得越来越激烈起来，这就是人相对于自然界而产生的朦胧的自我意识和情绪反应的基本演绎过程。

特别是在物欲的驱动下，人类对于物的情感体验也越来越多，越来越深，人与物之间的情绪因素正是在这个阶段开始发酵，并逐渐形成。我在本书中所说的情绪，泛指心情、感情、情感、心态、心绪、态度、脾气等一切因自我与“他者”之间的关系或联系而产生的喜欢或厌恶的内心体验和意志倾向。

人从出生开始，只要生命尚存，人体生理活动便不会停止。只要有生理活动存在，便一定会产生能量的消耗和机能的损耗，这就使人体生理组织和生理机能始终处于能量失衡与平衡、机能耗损与弥补的循环往复的变化之中。

能量失衡主要体现在人体生理活动所需要的能量指标消耗过大或废物过剩，这就无可避免地使人的内在生理组织在新陈代谢过程中发生能量失衡的现象；机能失衡主要体现在人体各肌体、组织、器官所构成的生理机器在不停运转过程中必然导致“机器部件”的耗损，以至发生机能失衡的现象。

以上这两种现象，都会导致生理系统出现不平衡的匮欠，匮欠一旦发生，便会在神经感觉上产生不适反应。

从生理匮欠到神经反应，对于自我整体性而言，其实都是发生于身体局部的客观性事件，但二者的层次却是不同的，前者不具有生命性和反应性，属于他在性的异己，后者具有生命性和反应性，属于我在性的同党。

但这两个层面的内容，都不具有意识活动。只有在欲望的不断驱动下，才能产生主体性自我意识反应，才能上升为主观意志和主观精神。

可以说，没有匮欠性刺激，没有神经性反应，没有欲望性驱动，没有填充性目标，就不可能形成和创生主观世界。

基于生理匮欠、神经反应和目标选择的三重物质基础的本性欲望是一种天赋的欲望活动，其主观意志性仅仅体现在发端状态，意识活动能力相当微弱，特别是本性欲望中的负欲望更是如此。这一点，我们可以通过观察精神病人的生活行为的例子获取简单的证验。

精神病人不论其意识或行为如何错乱，如何离谱，好像任何超越本能的事体都可能不会按照正常人的意识特点出牌，但有一点却是不会乱的，这就是对于本性欲望的满足行为，包括吃喝拉撒睡等，竟是一样不少，样样俱通，并能藉此获得舒适愉快。

这就是在其他非本能的、皆需意识控制、协调和指挥的事体全部可能发生错乱的情况下，唯有本能的事体却依然可以按部就班、照行无误地完成和实现。说明本性欲望的发生和满足是全都可以在无意识状态下完成的。

比如一个刚出生不久的婴儿，除了能做“不学而能”的本能的事情之外，其他需要意志力支配的事情却是任嘛不懂，一窍不通。

没有生理匮欠便不会有欲望产生的物质条件，没有物质性的神经对于生理匮欠的反应，也不会产生欲望；而只有对匮欠做出神经性反应，却没有具体的期待目标，便不会产生正欲望，便不会产生物欲。

五、本性欲望的结构机理

本性欲望只能在人类生理系统范域内进行考察。离开了生理系统，本性欲望连同其他一切欲望便都失去了得以产生的基础。所以，人类生理系统既是一个具有血肉之躯的生命系统，也是一个具有本能之求的欲望系统。本性欲望的结构机理，体现在以下三个层面。

第一个层面是生理匮欠。

第二个层面是体内神经网络对于匮欠的内部感觉，或匮欠填充物目标对于内部感觉的唤起。

第三个层面是主体自我（大脑）对于第二层面的内部感觉反应再度做出反应。

从第一个层面跃升到第三个层面上，其间的桥梁或跳板便是神经反应。这个神经反应，一方面是针对第一个层面的匮欠，由内部感觉做出觉察性认知反应和由大脑做出拒止性应答反应，另一方面是对外在填充物或积存于内的过剩物，由外部感觉或内部感觉做出觉察性认知反应后，而由大脑做出需求性或排解性应答反应。

其中，内部感觉与外部感觉并非是互不相干的绝对并列关系，二者之间具有一定的连通性、联动性、互感性和交错性，主体自我就相当于一户人家，有住宅，也有院落，内部感觉只局限于对住宅里面的环境做出反应，外部感觉只局限于对院落外面的环境做出反应，而院落之中的一段距离则属于内部感觉和外部感觉共享的路程，既不能完全划分给内部感觉，也不能完全划分给外部感觉。

讨论欲望问题，既涉及到生理匮欠问题，也涉及到神经反应问题，还涉及到作为填充物的目标诱惑或目标威胁问题。其中，神经反应不止是对于匮欠本身的反应，也包括对匮欠填充物——即欲望目标的反应，前者依靠的是内部感觉，后者依靠的是外部感觉。而人类个体自我的内部感觉和外部感觉连同人体下三窍的神经感觉功能针对这两个对象的反应构成了人类的原始知性。

正如亚里士多德所言："求知是所有人的本性，对感觉的喜爱就是证明。"[1]

求知的根本原因就在于神经感觉对于欲望匮欠与欲望满足之间出现的信息不对称，不对等。

仅从神经内部感觉的单一视角来看，对外界各种可能性目标信息的不足或不完善，也是一种知性匮欠形式。

如果我们把神经系统中的内部感觉与外部感觉比作连接天平两端的横梁的话，那么欲望便是中间的支点，一面是内部感觉只知其匮欠的情况，一面是外部感觉急待知其填充物目标的情况。

当只知其一而不知其二时，或只知其一的一部分情况，或只知其二的一部分情况，神经感觉便产生了知性的不对称和不平衡，这种不对称和不平衡即是感觉匮欠形式或知性匮欠形式的体现。

人类求知欲就是建立在神经系统内部感觉与外部感觉的信息不平衡和不对称上。为了达到平衡和对称，人类神经必须借助外部感觉而不断进行

1　亚里士多德《形而上学》第一卷，第 1 页，中国人民大学出版社，2003 年 12 月第一版。

求知活动，并以欲望为中心，调动自身所能驾驭的各种感知能力，形成一个八面来风、四面笙歌的人体内外信息循环与流动系统。

本性欲望的实现不仅保证了生理机能的正常运转和生理活动的整体平衡，而且也随之带来神经感觉的舒适愉悦，同时，本性欲望的实现程度决定并促成神经感觉的舒适愉悦程度的高下，这种效应本身也是一种本能，获得舒适效应是本能存在的根本意义所在。

生理性舒适除了后天例如毒瘾、酒瘾、烟瘾等造成的舒适快乐之外都是本能的体现。

人类生存归根结底就是为了实现本性欲望的内在满足。正如一个看似很高贵的人也会为一次焦躁难耐的尿急而放弃一次荣誉性极高的短暂会面，人会为本能而放弃其他任何选择。这也是人永远逃不过懦弱与卑贱之本性的根本原因。

人自出生开始，其肉体性生理组织便自始至终处于连续不断的新陈代谢过程中，处于不断生长、发育、成熟的过程中，这个过程也是欲望发展的重要阶段。从本性欲望出发，人的欲望系统随着神经与大脑的不断发育成熟而开始向着更广泛的方向发展和延伸。神经和大脑的深度参与不但使欲望实现了从无意识到有意识的转折和过度，而且也使欲望的层次不断上升。

本性欲望因生理性匮欠而起，自然会引起内部感觉不舒适的神经反应，在匮欠得到填充的过程中，也自然会引起舒适的神经反应，而感觉舒适与否还可以引起相应的心理反应、情绪反应和精神反应，心理、情绪和精神反过来还会影响体内腺体、血液循环等生理性变化，形成了生理与心理、情绪、精神的互动互通互感效应。

我将这种效应称为灵与肉互动效应，这一效应符合舒适连锁统贯效应。这就意味着人类的情绪反应早在本性欲望阶段便已经产生了。

小孩饥饿时的啼哭和吃奶时的欢快表情，都是本性欲望引起的情绪反应。在本性欲望阶段，人只为了本能的实现而存在，对其他人、事、物等尚未产生明确的情感，至多只对物——只对外在的用来满足本性欲望的目标之物产生朦胧的情感依赖性体验。

婴儿对母亲的依赖并非真正的情感使然，而是对母亲协助其满足本能要求所作的伺候性和打理性工作的一种习惯性认知。当一个饥饿的婴儿啼哭时，表现出来的是对于生理匮欠所造成的不适感的情绪反应，并非是“想妈妈了”的情感反应。一当母亲出现在面前，可能就会停止哭声而破涕为笑了，这并非情感所致，而是母亲的出现带来了满足食欲的希望，是习惯性的本能反应。

如果母亲不现身于婴儿面前，而是远远地只用一根足够长的木棍将食物挑至婴儿口中，这时观察婴儿的表现，可能也会立即停止啼哭，并在得到食物过程中而变得快活起来。这说明，在本性欲望阶段，社会性情感意识尚未形成，而仅仅处于蒙昧的潜伏状态。

同时，弥补生理匮欠必然需要身体之外的填充物目标，这里面已经埋下了人与外在自然界中的物的联系或关系的因素，同时也埋下了人对于物发生依赖性情感的种子。因为一切情感最初都是从好感或恶感中演化而来的。

本性欲望得到最充分体现的年龄段是婴幼儿时期，特别是在其不能站立、不能行走和不能说话的时期，他表达欲望最直接、最有力的手段便是啼哭、微笑、呻唤、蹬腿和抓挠。

黑格尔说：“当婴儿脱离了他在母腹中所处的植物状态而被生出来的时候，他就过渡到动物的生活方式。因此，诞生是一个巨大的飞跃。通过这个飞跃，婴儿就脱离完全无对立的生活状态而进入到分离的状态——同光和空气发生关系，并且同个别化的一般对象性发生一种越来越发展的关系，特别是同个别化的营养物发生关系。”[1]

1 《精神哲学——哲学全书第三部分》（德）黑格尔著，杨祖陶译，人民出版社2006年2月，第78页。

这个时期，婴儿以其个体化的存在方式开始感知这个世界，并与这个世界中对他极少的有用的东西建立了联系。

但这种联系却处在一种非常被动的状态，他无力也无法主动地获取自己所需要的食物，而只能靠被动的啼哭、蹬腿和抓挠来表达他的存在和需求，这时期其自我意识远未形成。

婴儿站立、行走和说话不但对自身的能力来说是一个飞跃，而且对其意识的激发和提高也是一个飞跃。“人通过走获得一种对外部世界的更为自由的关系；他借助于走取消了空间的相互分开性，并给自己本身提供了自己的位置。语言使人能够把事物当作普遍的东西来把握，能够达到对自己的普遍性的意识、说出我来。这种对于自己的我性的把握是小孩精神发展中一个极为重要之点；随着这一点的到来小孩就开始从他沉没在外部世界中的状态走出来而把自己映现到自身之内去。”（黑格尔）

婴儿成长到会站立、会行走、会说话，由被动感知世界的方式开始变成了主动感知世界的方式。这时，他的自我意识又较之前大大觉醒和前进了一步。但即便这样，本性欲望时期的自我意识仍然显得混沌而潜在，模糊而肤浅。

本性欲望是人类一切欲望的开端，是人体内部感觉生出的魔种。自从这个魔种来到个体自我的生命空间之后，便不断借助人体眼耳鼻舌身等外部感官的门户而竭力向外面的世界打探、梭巡、观察、求索，试图在包罗万象的外部大千世界中捕捉到填补匮欠的目标。就这样，人作为一个生物体，从此不再安静，不再沉寂，而正式开始了一生波澜壮阔、风情万种的欲望之旅。

因此，本性欲望也是人类开启认知世界之门的基础和前提，更是人类通过感知自我而认识宇宙、探索宇宙、解释宇宙并与宇宙实现互通互动的第一推动力。

第二章　感性欲望
——人类欲望的第二层次

这个世界是一个真实的世界，也是一个感性的世界。我们凭借着天赋的官能感知着这个世界的同时，也被这个世界感动着、感召着、感悦着、感染着、感化着、感诱着、感慰着，这说明我们每一个人都具有一定的感性，也都不可避免地是一个感性人。

一、欲望与外部感觉的关系

人的感性来自于对世界的感觉。对人体内部世界的感性主要主要来自于内部感觉，包括对内部生理环境有利性或有害性刺激所引起的正舒适感和负舒适感，觉察并体验刺激信号的类别、位置、大小、强弱、利害等；对人体外部世界的感性则主要来自于外部感觉，包括对外部环境有利性或有害性刺激引起的正舒适感或负舒适感，觉察并体验刺激的方位、大小、优劣、利害、用途等。

不管是来自于内部环境的刺激（比如生理匮欠引起的体内环境的改变或注射药剂后引起体内环境的改变），还是来自于外部环境的刺激（比如光、声、味等)，都会引起自我神经系统产生特定的感知性反应，并根据这种简单的感知性反应而试图做出对自我有利的选择，简称感性选择；待到对事物做出更全面、更完整、更深入的了解之后，个体自我便透过感性层面而进入了知性层面，并由此做出更完善、更周全的知性选择。

这就是说，认知层次不但决定了我们的意识方向、心理取向、情绪倾向和精神境界，也决定了我们的目标选择、策略选择和行为选择。

这些选择，我们可以根据认知层次的高低和认知方式的侧重，而分别称之为本性选择、感性选择、知性选择、情性选择、理性选择、慧性选择、神性选择。

比如，有人说“良药苦口利于病，忠言逆耳利于行”，这句话并非出自于感性选择，而是出自于知性选择或理性选择。假若果真出自感性选择，则只能对苦口的良药拒之不受，对逆耳的忠言拒之不听。只有更全面更深刻地知晓了良药和忠言的功用，才能控制感性的冲动而对这些有利于己的东西加以虚心接受。

感性的东西有的是来自于内部感觉，有的是来自于外部感觉。内部感觉产生的感性只能带来本能性的需求反应，其欲望形式属于本性欲望；对于外在目标之所感，比如得到一个苹果，比以前吃过的苹果更大、更红、更水灵，或口感更好、更甜、更清脆，则主体自我会表现得更兴奋，更快活，更喜欢，反之，如果比以前看到的或吃过的苹果更差，则主体自我不会表现出十足的满意感；但是，倘若饥渴程度比上一次吃苹果时更严重，表明欲望度增高、需求度增大、满足欲望的迫切性升高，这时苹果优劣的感性意义已经上升到了自我生命保障意义而非限于品尝美味的意义了（意味着欲望形式已经从感性层面回归到了本性层面)，所以，其口感可能会变得更好。

这就像当年慈禧太后西逃时一路上颠簸流离，饥渴难捱，在路边农家喝过的粗米粥和吃到过的芋头一样香甜可口，后来回宫之后依然记忆犹新，赞不绝口。

人的本性欲望是以求生为本，人的感性欲望是以求好为乐。

我们把主体对来自于外在环境目标刺激而引起的具有一定比较性和差异性的舒适感觉所做出的应答反应，称之为感性欲望。所以，我在这里所说的感性主要是指外部感觉所产生的感性。

所有的感性都来自于自我意志平衡系统之外的事物性刺激，没有外物刺激，便不会产生感觉、感知或感受。所以，我们把由感性欲望产生的能量、能力、功能或效能，简称物能，或外能。感性欲望层次中的物能或外能与本性欲望中正欲望所指向的物能或外能具有相同或相似的特点，主要体现为个体自我对外在目标对象的感应力、感动力、感念力、感思力、驱动力，或者是来自于外在目标对象对自我的感召力、感染力、感惑力。

解剖学已经证实，人的大脑的不同部位分别主管着人体的不同部位及不同组织（目前尚未严格确认自我意识受大脑哪一个部位的神经司理，或大脑的不同部位分别司理哪一种智能活动或意识活动）。

比如，左脑区管理着右半部躯体，右脑区管理着左半部躯体，颈椎主司上肢，腰椎主司下肢，这就意味着不同的脑区分别管理着躯体的不同部位；而对外部感觉系统来说，包括视觉、听觉、味觉、嗅觉、肤觉等感官功能也都分别受不同脑区的支配。

外部感官功能通过与外界事物产生的直接感觉，向大脑传输外界事物信息，这就产生了针对内外平衡关系而出现的多层次、多角度的各种相对匮欠事件的互动性和呼应性反应关系。

比如人在内部感觉发生饥饿感时，需要食物补给，这是求生的本能性反应，产生的欲望是本性欲望；但在众多食物中做出选择，则依靠的是外部感觉做出的感性反应，产生的欲望是感性欲望，比如同时看到两种食物，一个味道好，一个味道差，除了在味道的好与差之间通过嗅觉和味觉感觉到了差异性匮欠之外，还与自身感觉的经验性好恶标准之间产生了不平衡的相对匮欠性事件，这个信息被传递到大脑，便会产生一种朝着求好、趋利的方向做出选择的冲动和反应。

此期主体不再拘囿于“求生”的层面，而开始跃升到了“求好”的层面上来了。这是两个层面和两个级别的反应，前者是本性所系，后者是感性所为。

比如，作为外部感觉的视觉对于外在物质的形状、大小、色彩，听觉对于外在物质发出的声音，嗅觉和味觉对于外在物质产生的气息和味道，触觉对于外在物质的软硬度和光滑度等的感觉，都会传递出相对好与坏、正舒适与负舒适的差异，这种差异，必然反映到大脑中并做出与其差异性反应相适应的选择性应答反应，这就产生了感性欲望。

二、从感性选择到感性欲望

感性是人脑基于对不同事物所给予的不同刺激体验进行比较后而产生的差异性认知并藉此做出的倾向性选择反应或审美性评价反应，这其中蕴藉着三个层面的神经反应，第一个层面是人脑对不同事物的刺激性体验和经验，第二个层面是人脑对不同事物的刺激性体验和经验的比较性认知，既可能是当下事物刺激的实时体验与过去经历过的记忆经验的比较性认知（如果没有记忆经验便是一种完全新鲜的刺激），也可能是当下两个或多个事物刺激所产生的不同体验的比较性认知，第三个层面是人脑根据已经获得的比较性认知结果而产生的倾向性选择反应。

不通过比较性体验便不会产生差异感，没有差异感便不会产生具有倾向性选择反应的感性欲望。正所谓没有比较便没有鉴别。比较可以分为感性比较和知性比较，而最原始最初步最表层的比较便是来自于感性。

在日常生活中，人们更多的时候是浮在感性的表层中生活的，对很多事物通常并无能和无力做出更全面更深刻的考察和分析，而只能凭借感官在浅层的感性中体验生活，体验人生，体验万物，体验这个光怪陆离的大千世界。

我们对于世界的评价，更多的时候都来自于表面的现象所带给人的感性认知，只有那些经过深入考察、深入学习、深入思考和深入研究的博学之人才能达到较高级知性或悟性的认知层次和认知高度。

这就是说，这个世界在更多的时候对于更广大的人群而言仅仅属于感性的世界，而非知性的世界、理性的世界或悟性的世界。

比如人们对于各种艺术作品的欣赏，大多数情况下都是感性欲望在发挥作用，而很少有人能够说出更深刻的内涵或道理；观风景、看美术作品或听音乐能够分出高下优劣的人可能有很多，但能够做出更全面、更深刻的审美性评价反应的人却鲜有人在。

这说明大多数人都局限于视觉或听觉的感性层次而很难有所超越；品尝美食的优劣高下是味觉的感性欲望，能够突破这个感性欲望而从食物的营养性、健康性等多方面做出认知性反应，则超过了感性的认知层次，这样的人只能是专家、学者之流了。

所以，其他一切寻求感官刺激的行为，几乎都是感性欲望的驱动使然。而且所有的感性欲望都无一例外地来自于主体感官对于内外刺激的比较性差异所做出的应答反应，这些差异主要体现在现实生理状态与理想生理状态之间所存在的比较性认知，体现在现有事物信息与以往经验、观念、习惯之间所存在的比较性认知，主体自我只有依据这些与以往不同刺激体验所引起的比较性、差异性认知，才能做出趋利避害的目标选择反应、行为选择反应和方法策略的选择反应。

一般地，人们只借助于外部感官而对于外在事物进行观察、考察和觉察，在无限延展的时空环境中不可能只存在绝无仅有的单一性目标，比如饥饿时睁开眼睛观看，目光所及的事物可以是食物或非食物，也可以是多种食物同时罗列在眼前，不管是在食物与非食物之间做出比较性选择，还是在多种食物中做出比较性选择，或者是与过去品尝的食物进行比较和选择，都属于感性欲望在发挥作用。

三、感性欲望与本性欲望的关系

感性欲望的产生要以本性欲望为基础。没有本性欲望的原始驱动，外部感觉便失去了注意的方向和目标。

比如在人头攒动的大街上，无数陌生人在眼前走过，通常不会对某一个具体的人产生注意，因而也不会产生任何与某一个具体的人有关的感性欲望。但是，如果你是一个男人，忽然发现迎面有一个异性穿着艳丽，性感强烈，可能很快就会引起你的注意，并为她创造了较高的“回头率”，这是你对她产生的与性本能有关的感性欲望。即便她消失在茫茫人海中，你的头脑里仍然会存留着她的表象，而对于其他好多好多人却可能未能留下任何明确的记忆。

再比如，一个人在特别饥饿时，关注的往往是与食物有关的目标，而对于其他事物却兴味索然，视若无睹；同样，一个人在人头攒动的大街上倍感尿急时，眼睛通常会到处搜寻厕所的位置，而对于其他门店却不会特别留意。这说明，自从有了本性欲望，此后包括注意方向、外部感觉、知觉、记忆、联想、想象等意识活动以及一切行为方向，基本上都要受到本性欲望的内在驱动和感性欲望的目标指引了。

感性欲望和本性欲望虽然都与生理性匮欠有关，但两者的区别还是显而易见的。本性欲望是个体自我随着生理机能的不断运转而造成能量损耗和功能失效而兀自产生的匮欠感，但感性欲望则是在两个或多个事物刺激的比较性认知基础上产生的选择性应答反应，没有这种通过比较后而做出的选择性反应便不会产生感性欲望。

本性欲望以满足本能为条件，如食欲以吃饱食物为限，便欲以将废物排出为限，但感性欲望包括但不限于得到满足基本本能的“物”，而且还要求得到能够满足本能的更好的和更多的“物”，这显然超越了满足本能的基本条件，如“既平陇复望蜀”的贪求，“朱门酒肉臭”的奢靡，“人心不足蛇吞象”的无度，等等，都是基于感性欲望所表现出来的贪求不已、贪得无厌的特点。

本性欲望以满足本能需求为基准，感性欲望不但包含本性欲望中对于匮欠填充物的追逐意义，而且还以贪多、趋大、求全、慕好、崇新、好奇为目标，为生理满足的最大化、长久化、完美化和极致化而预做准备并诛求不已。从这个意义上说，本性欲望是有度的，有止境的，而感性欲望是无度的，无止境的。

从上面的讨论中可以发现，在感觉方面发生的刺激，主要会带来两种形式的舒适反应。

一是内觉性舒适反应。即内部生理组织由能量进出或机能运转而造成的内部感觉反应。很显然地，这种内觉性舒适反应体现在两个方面，其一为人体内部生理匮欠性刺激引起的负舒适反应，其二为能量补充过程中引起的正舒适反应。这就意味着内觉性舒适反应发生在内部感觉区域，具有明显的自觉性特征。这种仅限于人体内部发生的事件，都是本能的作用和本能的反应。内觉性舒适反应直接激发本性欲望。

二是外觉性舒适反应。即由外在的客观事物的个别属性或整体属性对人体感觉器官的直接刺激而引起的舒适反应，既包括正舒适反应，也包括负舒适反应。外觉性舒适反应是外部感觉基于内部匮欠感的驱动而对外在客观事物目标的搜寻和索取过程中产生的信号刺激做出反应，进而引起内部匮欠感的觉醒与呼应，藉此产生的是感性欲望。

不管是内觉性舒适反应还是外觉性舒适反应都会发展为注意性反应。一方面，内部感觉引起的注意亦即内觉性注意，其所注意到的内容是机体的负舒适感或正舒适感，由匮欠引起的对于负舒适感的注意会产生“不欲之欲”，由机体满足过程而引起的对于正舒适感的注意会产生“所欲之欲”；另一方面，外部感觉引起的注意亦即外觉性注意，其所注意到的内容是外在的目标，对于不利的目标引起的注意会产生“不欲之欲”，对于有利的目标引起的注意会产生“所欲之欲”。前一个方面产生的欲望是本性欲望，后一个方面产生的欲望是感性欲望。

就本性欲望与感性欲望的区别，这里暂做一个小结加深一下印象。本性欲望是先有生理匮欠，继而产生对匮欠的内部感觉，内部感觉把这个匮欠信号传递给大脑，然后再驱使外部感觉寻求和确定填充物目标，并随之产生本性欲望；感性欲望则是外部感觉对外在目标进行比较性和差异性认知而做出的选择性应答反应。即由外部感觉发现一个或多个外在事物目标，并将这些事物目标信号传递给大脑，由大脑激活某种潜在性匮欠的觉醒，从而使匮欠与多个目标建立了对应性联系，并通过对多个事物目标的比较而产生具有一定选择性的感性欲望。

感性欲望与本性欲望很多时候也是交错发生的，比如同样是由饥饿引起的本性欲望的食欲，当面对很多种食物选择时，感性欲望就会在色香味等属性的选择方面派上了用场。一般情况下，人们总是对优等食物产生更强烈的占有欲。这个占有欲便是感性欲望的派生欲望，或衍生欲望。

表面上看似同一种欲望，有时属于本性欲望，有时也属于感性欲望。比如便欲是消化系统和泌尿系统因新陈代谢产生的废弃物堆积过剩而引起的不适反应。摄入营养，排泄废物，进出平衡，是机体新陈代谢的一种基本形式。当废弃物增多到一定的量，就会刺激消化系统和泌尿系统内部的感应器，从而产生便欲。只有把多余的废弃物排解和释放出来，才能保证机体功能的正常运转，才能实现生理系统的整体平衡。这种情况即是由内部感觉产生的内觉性不适反应而引起的本性欲望。

不过也有些时候，一个人原本未产生任何便意，但当看到别人如厕或经由他者提醒之后产生便欲。这其中的原因是体内废弃物造成的不平衡还不够大，感觉还很微弱，未能引起足够注意的缘故。这种情况下产生的便欲与外部信号的提醒有关，当属于外觉性不适反应诱发的感性欲望。

这说明，人类欲望从产生的背景和路径上分析，即便是同一属性的欲望，既可经由一种形式产生本性欲望，也可经由另一种形式产生感性欲望。

再比如一个人的性欲既可以由内觉性不适反应形式产生，也可以由外觉性不适反应形式产生。人的年龄或生理条件成熟后经常会自觉自发地感知到自已性欲的高涨，这就产生了内觉性不适反应的性欲，即本性欲望的性欲；但有时在某一个时间段里可能没有感受到性欲的蛊惑和压抑，而当看到一个全裸或半裸的、非常性感的异性出现在眼前时，便可能一下子唤醒了性欲，这就产生了外觉性不适反应的性欲，即感性欲望的性欲。

这说明同一种生理性欲望可以经由两种形式产生，一个是从内在到内在的形式（内在—内在），即纯粹内在的生理活动和生理机能催生的欲望诉求；一个是从外在到内在的形式（外在—内在），即由外在的目标信号唤醒内在生理机能的反应，从而催生相应的欲望诉求。

通过前面的讨论可以看出，本性欲望与感性欲望都来自于对于匮欠的感觉过程，但本性欲望是从内在到内在的内觉性不适反应的结果，而感性欲望则是从外在到内在的外觉性不适反应的结果。

本性欲望发轫于内在之所欠（内在匮欠—内部感觉），感性欲望发轫于内外之所感（外在目标—外部感觉—内在匮欠）。

自感性欲望开始，人与物之间首次建立了一对一（一种匮欠对应一种填充物目标）的特定联系，从而使人与自然界的关系第一次变得如此明确而势利，人相对于物而产生的感性欲望所演绎的人与物之间的情感因素也在这个阶段开始深度酝酿并萌发。

第三章　知性欲望
——人类欲望的第三层次

知性欲望来自于知觉，是比感性欲望层次更高一级的欲望形式。在上面的论述中我们知道，内部感觉针对于内部匮欠而激发本性欲望，外部感觉针对于外在目标而诱发感性欲望，现在针对知觉来说，很显然地，比感觉更高一层次的知觉则必然会诱发知性欲望。

一、欲望与知觉的关系

讨论知性欲望，我们不得不先从最基础的知觉谈起。

知觉，顾名思义，既有“觉”的成分，也有“知”的成分。

我们知道传统心理学对知觉的定义是：知觉是人脑对当前客观事物的整体的反映。

但这种整体性反映，并不是靠单一的感觉器官所能完成的，因此也绝不是一次性或一瞬间实现的。

我们对于某一事物的知觉，必然来自于视听嗅闻触等多方面感觉的相加与整合。

所以，知觉最初总是来自于事物局部刺激信号而带来的单纯性感觉反应，直到将这些分别来自于视听嗅闻触等感觉反应综合在一起，才有可能在大脑层面被综合和整合为知觉。

这就意味着，知觉的本质来自于神经官能对于客观事物的信息采集和传导，主体大脑的作用仅限于对这些零散的信息进行拼接、加工和整合。

这就是说，知觉是人的大脑对不同感觉通道传导而来的信息进行综合汇总的结果，所以知觉暗含着一个统筹概括的过程。

对某事物个别属性的认知是感觉，把对该事物的各种感觉汇总在一起，就形成了对这一事物整体的认知，也就是形成了对这一事物的知觉。

这说明人类的知性中已具备了基本的和简单的智性。知性具有受动性，它来自于多个不同感觉过程的整合性反应，而智性则是能动的，它来自于大脑在特定知性基础上的应对性反应。

传统人类学、心理学和哲学等学科关于智性概念涵盖着人类区别于一般动物的几乎全部神经智能性反应内容和反应过程，本书系将这一概念分解为感性、知性、情性、理性、慧性与神性等多方面内容进行阐述，并与感觉、知觉等认知形式做出了比较明确的区分。

知觉是各种感觉的对接、碰撞或综合，它来自于感觉，但不同于感觉。感觉是单一感觉器官活动的结果，知觉却是各种感觉器官协同活动的结果；感觉不依赖于个人的知识和经验，知觉却受个人知识经验的影响。

同一物体，不同的人对它的感觉是相同的，但对它的知觉就会有差别，知识经验越丰富对事物的知觉越完善、越全面、越准确。未曾见过麋鹿的人，看到麋鹿仅仅知道它是一只动物，而以捕杀麋鹿为生的猎人看到麋鹿还能叫出它的名称，并知晓它的生活习性，头脑中能回忆起它的叫声，甚至能回想起麋鹿肉的味道，没有捕猎麋鹿知识和经验的人就不会仅凭肉眼便产生有关于麋鹿的整体性认知。

知觉虽然已经达到了对事物整体的认知，比感觉更高级了，但知觉来源于感觉，而且二者反映的都是事物的外部现象，都属于对事物的感性认识，所以感觉和知觉又具有不可分割的联系。

在现实生活中当人们形成对某一事物的知觉的时候，各种感觉就已经结合到了一起，甚至只要有一种感觉信息出现，即能引起对事物整体的形象反映。

例如，视觉上看到一个物体，不仅包含了它的形体、色彩、大小、方位、距离，而且还能借助记忆中的经验自动进行新旧信息的整合，从而得到对这一物体包括气息、味道、声质、软硬度等其他特征与视觉形象结合在一起的整体认知。

所以，现实生活中很难有单独存在的感觉，单一或狭隘感觉的研究往往只能产生于实验室中。人可利用听觉听到铃发出的声音，这是单一属性的感觉范畴；或者利用视觉看到了铃的样子，这也是单一属性的感觉范畴。如果把二者结合起来，可能就会形成对铃的简单的知觉；如果凭借经验记忆，还能够回想起金属声的特点，这就会从声音、声质、形状、大小、颜色、质地等方面产生对铃的整体认知，这就是知觉过程。

知觉缘于对事物的各种感觉信息进行综合加工而产生的整体性和概括性反应，这种加工不但要把多种感觉信息进行选择分类与综合，还要借助头脑中储存在记忆中的知识经验从多个视角、多个层次和多个时序上进行整合，这就使知觉超越感觉而具有了简单的思维因素。

知觉要根据感觉信息、个体主观状态和既有经验所提供的补充信息来共同决定反映的结果，这说明知觉通常并不是单一的和固定的认知环节，而是一个动态的日积月累的整合过程，非一时一地的简单产物。

有些知觉是人主动地对感觉信息进行加工、推论、理解和反思之后而不断上升的认知形式。可以说感觉是知觉的基础，知觉是感觉的深入、拓展、延伸和综合，而且知觉同时也是一个跨度非常大的概念，甚至包括认知过程后期的思维、推理等结论性的内容都可以被界定在知觉范畴之中。

知觉是个体以既有经验为基础，对感觉所获得的信息资料，通过神经传输给大脑而做出的主观解释，因此，知觉也常被称为知觉经验。比如在漆黑的夜晚听到了火车的鸣笛声，虽然看不见火车，但头脑中依然会凭借经验而映现出火车运行时的形象，甚至包括铁路向远方延伸的形象，从而使刚发生的听觉与经验记忆中的视觉实现了链接与整合，形成了对于火车整体性的知觉经验。

知觉可以被人为地分为主动知觉与被动知觉。

主动知觉是主体有意感知某一事物有关特性的知觉，如学习开车的人主动了解车辆的性能等。

被动知觉是主体意外感知到某一事物特性的知觉，像意外听到火车鸣笛而发生针对火车整体性的知觉，就是被动知觉。

被动知觉基本上与个人目的无关，比如人们外出办事途中可能会意外遇到各种各样的事件，看到、听到、闻到、触摸到之后都会产生一定的知觉认识，但皆非自己有意为之。

而主动知觉则是带有一定主观意图的知觉认识，这种意图就是欲望之所系。或者说，主动知觉都是欲望所指向的有目的的知觉。

我们看见一个物体存在，在一般情形下，我们总是以欲望所指向的带有一定功利性目的而去知觉这个物体，与欲望全然无关的属性却常常会被忽略掉。

比如，在刀耕火耨时期，农民看到一头牛，可能会以犁田的眼光审视牛的筋骨、力气、脾气等特点；屠夫看到一头牛，可能会以吃肉的目的审视牛的肥瘦、老嫩等特点，力气大小的属性可能就会被他忽略掉了。

同时，我们观察一个物体时，这个物体通常不会孤立地存在，这就让我们同时也不得不关注这个物体周围所存在的其他环境性和关系性刺激。这样，物体周围其他刺激的性质以及与所关注物体之间的关系，势必也影响我们对该物体所获得的知觉经验效果，甚至在背景与对象等比较过程中获得具有相对性的差异选择的余地。

一个人皮肤白，另一个人皮肤黑，这就产生了知觉的相对性差异，并可能为选择性伴侣提供了不同的欲望目标指向。

客观事物是多种多样的，包括同类事物和不同类事物，也包括与自己有关的事物和无关的事物。人在特定的时间层次之内，所能感知到的空间层次中的事物刺激总是有限的，而且在可感知范围内，由于不同事物对人的刺激程度不同，从而导致对不同事物的反应程度也不可避免地呈现出清晰与模糊、肤浅与深刻、敏感与迟钝、热切与冷漠、积极与消极之别。

我认为这种区别的产生与主体欲望激起的注意力及其所关注的中心事物与其他事物之间所存在的关系远近有着千丝万缕、密不可分的关系。人们在现实世界中关注、半关注或不关注哪些事物，总是与其欲望指向及其欲望强度有关，换句话说，欲望是人类感觉、知觉等一切认识活动的内驱力和协调官，一般情况下，被主体注意力聚焦并选为知觉对象的事物，总是与欲望关系比较重大和比较密切的事物，才更容易成为相对敏感的知觉对象，其他衬托此对象的事物则称其为背景。

某事物一旦被选为知觉对象，就好像立即从背景中突显出来，被认识得更鲜明、更清晰。

我们注意到，一般凡是体积大的、外观显露的、色彩鲜艳的、声音洪亮的、棱角分明的，以及同周围明晰度差别大的东西会具有更大的刺激性，都较容易被选为知觉对象。

即使是针对同一知觉对象的刺激，观察者根据各自的欲望出发点的不同，而采取的角度或选取的聚焦点也会不同，所产生的知觉经验可能也会有很大的不同。

在我看来，影响知觉选择性最为关键的因素是主体的主观欲望，即对满足主体欲望最有意义的东西往往会首先成为关注的焦点，其他主观因素还包括经验、习惯性思维和兴趣等。尽管客观因素也会对知觉对象的选择产生影响，但这种影响主要来自于客观因素对主观欲望及其所指向的关注对象的干扰使然，如背景刺激物的变化、对比、位置、运动、大小程度、强度、反复等，都可能会改变主观欲望选择知觉对象的初衷。我的这个观点可能在一定程度上颠覆了传统心理学对知觉选择性问题的某些经典论断。

知觉经验中对客观性刺激物所做出的主观性解释，就符合真实性的标准来看，不一定完全是准确的，可能会出现很大的差异。单以知觉对比的知觉现象为例，凭知觉经验所做出的解释有时是失真的，甚至可以说是错误的。对此种完全不符合刺激本身特征的失真的或扭曲事实的知觉经验，称为错觉。错觉是比较普遍的，由视觉、听觉、味觉、嗅觉等所构成的知觉经验，都会有错觉。在我们日常生活中，随时会发生错觉现象。例如，在火车未开动之前，常因邻近车厢的移动，觉得自己车厢已经开动。（这种现象称为移动错觉。）

知觉是人类认识客观事物过程中一个特定的发展阶段。但比感觉认识阶段已经大大前进了一步。

我们把大脑在受到事物整体属性的知觉刺激之后而对自我生理、心理、情绪或精神等方面所引起的意义性应答反应，称之为知性欲望。

知性欲望产生的能量、能力、功能或效能，简称知能，或心能。人经过事物性刺激之后，不但要做出神经性感觉反应，还会做出心理性知觉反应，并在情绪层面激起波动。这其中所蕴藉的能量即为知能或心能。

由于知觉的形成并没有独立的器官形式，而只能通过眼耳鼻舌身等各路径感觉的汇总而获得，所以，必然比单一感觉形式的形成更为复杂，其间必然要借助以往感觉所形成的表象资料的整合来实现，这就使得知觉的形成过程也必然要经历过去时的表象与现在时的影像的比较，以及既有观念与现实影像意义的比较，从而形成一种差异性反应。

这种差异性反应在人脑中，便会形成与欲望方向相应的兴奋性意志反应，当把这种反应传递给全身的内部感觉之后，必然引起内脏运动神经系统（亦即植物神经系统或自主神经系统）做出潜在而隐秘的跟进反应，从而激起内部体液的分泌、体气的流通状态以及内脏器官的运动状态发生改变，并进而对人的心情、情绪、态度等产生起伏波动的影响。

所以，人的知性在某种程度上决定心性的成长和变化，甚至决定人格的成长和成熟。

二、目标感应型知性欲望与经验积累型知性欲望

知性欲望可分为目标感应型知性欲望和经验积累型知性欲望。

目标感应型知性欲望是主体自我在发现并知觉了目标信号之后而产生的与目标相应的匮欠反应，比如在世界上没有电视机之前，人们不会产生看电视和拥有电视机的欲望，后来发现并知道有了这样的东西之后，便产生了看电视和拥有电视机的知性欲望。

经验积累型知性欲望是主体自我通过经验积累而产生的超越本能需求并与既有经验相应的匮欠反应。比如烟瘾或毒瘾，就是在有了一定的经验积累之后才产生的匮欠反应和知性欲望，相当于原来没有某方面经验、体验，后来积累了几次或多次经验、体验之后才产生的生理性依赖，一旦自我生理或心理与这些依赖物之间所构成的平衡关系被打破，便产生匮欠反应，产生知性欲望。

再比如没有吃过榴莲的人不会产生吃榴莲的欲望，但当吃了一次或几次之后，便知道了榴莲的美妙味道，以后就会产生吃榴莲的知性欲望。

生活中还有一种情况，就是一个人原本没有某种欲望，后来经人指点、教唆、提醒、启发，而后便产生了这种欲望，如《圣经》中记载亚当、夏娃经花蛇教唆和诱导而做爱，产生了性欲。有人听说盗墓可以发财，当发财的欲望战胜了盗墓产生的恐惧时，便产生了盗墓的欲望，这些都属于知性欲望范畴。

三、欲望认知定律

欲望层次与认知层次的关系十分微妙：觉之则欲之，欲之则知之；知之则欲之，欲之则识之；不觉者不欲，不欲者不知；不知者不欲，不欲者不识。这是人类欲望与认知关系原理，简称欲望认知定律。

这个定律说明了人类认知与欲望之间的特殊关系：有了对匮欠的感觉才会产生欲望，有了欲望才会驱动和促进感知；只有对感知过的东西才会产生欲望，有了欲望的推动才会产生对欲求目标的不断认知；对无感觉的东西不会产生欲望，对没有欲望指向性的目标不会产生注意和认知；对不知道的东西不会产生欲望，对非为欲望目标的东西，不会产生注意和认知。

所以，人类认知与欲望共轭并行，互联互通，互促互动，有什么样的认知便会产生什么样的欲望，有什么样的欲望便会产生什么样的认知和行动。

比如一个人在儿提时代，性的发育尚处于极不成熟的萌芽状态之时，便不会产生性冲动的感觉和认知，因而也不会产生明显的性欲；因为没有明显的性欲驱动，便也不会对异性的身体产生特别的注意，不会对异性展开求偶性的追逐行动。

待到青春期到来，性欲逐渐变得强烈起来，其对于异性的感觉和认知也愈发敏感起来，激昂起来，异性的身体、容貌、声音及其所特有的性征似乎都充满了难以名状的神秘感，并对自己产生强烈的吸引和诱惑，因此也产生了对异性的认知兴趣和探索兴趣；关注异性、观察异性、认识异性、欣赏异性、爱慕异性、追求异性成为这一时期魂牵梦绕的主要内容。

等到垂垂老矣，生理机能明显衰退，性欲下降了，冷淡了，低迷了，其对于异性的感觉和认知也不再像当年那样敏感、痴迷和执着了，异性的诱惑力从此不再那么强烈了，不再为之神魂颠倒了，观察和打探异性的兴趣陡然下降，心目中的异性观念也从此发生了重大改变。

同样的，人类为了满足食欲，便产生了对于各种食物及其制作方法的认知、关注、探索和研究兴趣。

所以，如果没有欲望的驱动，人类便不会饶有趣味地去认知各种事物、关注各种事物、探索各种事物、研究各种事物，便不会产生如此众多的知识、思想、观念、情感、理性或精神活动。

由此可见，认知对于欲望具有同步共轭的驱动作用，反过来也一样，欲望对于认知也具有同步共轭的驱动作用。

一个人总是在他认识到的事物目标上产生特定欲望，同时也总是在他追逐的欲望方向上去认识特定事物目标。只有对事物进行有效认知，才能把握和建立事物与欲望之间的关系，才能有针对性地寻求和获得欲望的满足，才能有效实现内外环境的互动与平衡。

四、欲望定理

人类一切欲望总是朝着求生、向好、喜新、厌旧、尚奇、嫌贫、慕富、爱美、从优、出众、领先、凌人、示阔、显能、乐胜、耀名、贪大、求全、趋利、避害、好高、骛远、就轻、择易等轻松、自由、舒适、健康、快乐、优越的方向发动和施展的。我把欲望的这一基本特征称之为欲望驱力方向定理，简称欲望定理。人类的一切活动都是按照欲望定理发生和发展的。而且凡是符合欲望定理的，也都是符合人性的。

我们生活在欲望丛林里，每一天都深受着欲望的蛊惑。在我们身边发生或出现的事物，有的成为我们欲望的青睐物，有的成为我们欲望的厌弃物，有的则与我们的欲望毫不相干，未能对我们产生任何欲望性刺激，这些与我们的欲望毫不相干的事物，构成了我们欲望系统的场景和背景，一般不会受到欲望定理的约束。

而那些与我们的正欲望驱力方向相反的事物，是悖逆正欲望方向而出现的事物，因此成为我们欲望中的厌弃物和抵制物，它们只能给我们带来负刺激、负舒适、负欲望和负情绪反应。比如看到肮脏的东西会产生厌恶的感觉，听到不好的评价，会产生郁闷或厌烦的心理，处身狭隘的空间会产生压抑的感觉，如此等等，都属于悖逆正欲望方向和违逆欲望定理而发生的欲望事件。

五、知性欲望与感性欲望、本性欲望的关系

知性欲望是在本性欲望和感性欲望基础上的递升性产物，与本性欲望和感性欲望具有明显不同的发动机理和不同的表现形式。

比如一个人通过内部感觉感到饥饿，并努力寻找食物，则属于本性欲望；面对众多色香味不同的食物而做出选择，则属于感性欲望。这两种欲望形式不但具有时序上的先后关系，而且也具有逻辑上的递进关系和层次关系。

但有时问题可能并非这么简单，填平饥饿之匮欠的食物在现实生活中并非总是提前预备现成的，不但食物来源错综复杂，食物品种千奇百怪，而且加工手段和食用方法也是五花八门，有的食物伸手可及，有的食物则费尽周折才能吃到嘴里，也有的食物倘若缺乏知觉经验，可能不知为何物，因此也不能引起食欲。

比如中国人吃的臭豆腐，闻着臭吃着香，一般小孩子闻到这股臭味非但不会引起食欲，反而还会产生讨厌的、恶心的、与食欲方向完全相反的感觉反应，但是一旦将各种感觉都调动起来，包括用眼睛看、用鼻子嗅、用嘴巴尝、用耳朵听其他人介绍等手段获取了对臭豆腐的整体性知觉，就可能会产生品尝臭豆腐的“食欲”，这种食欲就是知性欲望。这就是有人闻到臭豆腐产生食欲，有人闻到臭豆腐产生厌恶感的原因。

在知性欲望层次，只有对一个事物产生了知性，在知道了、了解了、

明白了之后，才会产生对这个事物相应的欲望。拉·罗歇福柯曾经说过：“有些人如果从来没有听说过爱，他们就从不会坠入情网。”意思是，即便情欲的产生也需要一定的知性基础。

知性欲望的产生源自于知觉发挥作用的结果，而且也正是因为知觉的作用，才使知性欲望延伸为一种特殊的心理反应、情绪反应或精神反应。

比如看到一个水灵灵的红苹果而产生垂涎之感，使人忍不住伸手去拿，这是感性欲望使然；当有人说这个红苹果被人用毒液清洗过，人吃了会有生命危险，那么，这时他会立刻缩回手去，不再拿取这个水灵灵的红苹果了，这个动作是知性欲望发生了作用。并由知性欲望产生一系列畏惧、疑惑、惊异、愤怒等复杂的心理反应、情绪反应和精神反应。

所以，我藉此推论下去，有理由认为人的一切心理感受、情绪感动、精神感应都是知觉及其以上层次的认知形式所引发的意义性反应。

知性欲望比本性欲望和感性欲望更高级更完善，本性欲望和感性欲望来自于事物个别属性的刺激，而知性欲望则是来自于事物整体属性的刺激。如果说，本性欲望仅仅是人类认识过程中的原始阶段的产物，那么，感性欲望和知性欲望则是人类认识过程中的初级阶段的产物了。

正是从知觉认知和知性欲望之后，人类开始步入了更高层次的认识阶段和欲望阶段。

上面已经论述了本性欲望来自于内部感觉，是内觉性不适反应激发的欲望形式，自本性欲望之后，其他一切欲望形式都是来自于外部感觉，来自于外部感觉的目标提醒（当然，这种提醒必须基于内部感觉与外在目标之间实现相互链接的匮欠应答才具有提醒意义，亦即欲望感应）。

比如知性欲望即是在对外在目标有所感知并可以应答于内在的某种匮欠的前提下产生的，或者在对内在匮欠有所感知并可以找到填补匮欠的相应目标的前提下产生的。没有这样一个“知之”的过程，没有这样一个更完整的匮欠警示或目标提醒过程，也便不可能产生知性欲望。

欲望与感知互为基础和前提。欲望的产生离不开感知，但欲望一旦滋生出来，便又会掉过头来对感知方向起到驱动作用。人类智能反应或自我反应总是按照特定的欲望方向进行发动和体验的。离开了欲望，人类智能及自我意识便失去了存在的意义。这也是我们为什么对某些事物反应敏感，兴味盎然，并孜孜以求，而对另一些事物却视而不见、充耳不闻、兴味索然甚至无动于衷的原因。

生理匮欠与对于该匮欠的神经感觉，二者之间的先后关系是显而易见的。从理论上说，匮欠产生后的瞬间便会被神经捕捉到和感觉到，这个瞬间就是神经电或化学电在人体内的传导速度。

我们知道，社会管理者或企业管理者往往通过对某些目标的控制和调整来改变被管理者的欲望倾向和行为选择。

比如人们的职业规划和职业选择倾向一般不是盲目的，都是在一定的社会目标诱导下产生的，与各行业、专业、职业包括收入的多少、工作环境和工作压力的强弱、晋升的快慢、职业保障的优劣等目标性因素所造成的社会地位的等级差异息息相关。

中国在改革开放之初，为了提高教育质量和全民族的文化素质，制定各种优惠政策以提高教师地位。针对当时越来越多的社会优秀群体不愿把教师作为自己职业选项的社会背景，提高教师职业目标的吸引力和拉动力便成为管理者解决这一发展不对称不平衡矛盾的重要手段之一。为了使教师这一职业也成为社会上年轻人的竞逐目标，管理者对报考师范类院校的考生提供优惠入学条件和学习条件，包括降低或免除学费、生活费，在全社会大幅度提高教师工资待遇标准，设立教师节，多方面打造尊师重教的文化氛围，这些措施的推行大大提高了教师的社会整体地位。经过十几年的努力，教师终于成为很多优秀年轻人向往的职业选项之一。同时，作为社会管理者，通过对目标等级的调节，也在一定程度上实现了提高全社会教育质量和全民族文化素质的基本愿景。

一个国家也好、一个组织也好，一个企业也好，总是对那些对国家、对民族、对社会、对企业的发展起关键作用的行业、职业或工作岗位确立一定的优势地位、优先发展方向，并将其职业待遇设定到较高的目标水准上，以成为促动人们凭借优势能力和优势贡献积极参与优势目标的竞争。

这些情况其实都是管理者不自觉地利用了欲望理论启动的管理套路和管理程序。管理者如何才能实施有效管理，与其对欲望理论的理解深度、感悟高度和把握程度密切相关。

一般而言，一个国家、社会或者企业按照其组织愿景提倡什么，弘扬什么，就应该在这方面设定有益的优势目标，诱发人们的竞逐欲望，而不能空喊口号，虚假承诺，欺骗被管理者的欲望倾向。近几十年以来，在中国社会开展的学雷锋活动之所以难以收到所期望的管理愿景，就在于这项活动在事实上并没有真正设定一种用来满足人们欲望竞逐的、可落实和可兑现的优势目标，使人们缺乏内驱力所致。所以，最有效的管理是欲望管理，最优秀的管理者则是谙熟欲望动力心理学原理或欲望与精神哲学原理的人。

人们在生活中发现，一个祖祖辈辈住在土坯房里的人，原来也自觉宽敞、舒适和安逸，其乐融融，后来有一天来到城市里，看到很多砖石结构或钢混结构的高楼大厦，坚固而美观，这一发现使他产生自己也想拥有楼房的新的欲望和新的目标激励力量。

一个外在目标变成一种内在力量恰似一种极为神奇而魔幻的戏法，这是使物质变精神的特殊演绎过程，这种演绎既不是化学反应、生物反应，也不是电磁反应，而是来自于欲望的特殊作用和功能，我在这里称之为欲望反应。

化学反应、生物反应或电磁反应都是一种物质形式变为另一种物质形式的反应，而只有欲望反应才是使物质变为精神或使精神变为物质的惟一形式和途径。

第四章　情性欲望
——人类欲望的第四层次

经过之前的讨论，我们已经认识到，感觉虽然仅仅获得了对事物个别属性的片面认知，却迈出了人类认识世界的第一步。一如卡尔金斯所强调的那样 ：“感觉乃是通往意识之路的首要。”知觉则利用多个感官完成了对某一事物的整体性认知，这是人类从单一感官的片面感觉认知，到调动多个感官的相对全面的知觉认知，实现了认识从片面到全面、从个别到整体的第一次飞跃。

但以世界之大，万物之繁，人类的认知能力发展到这一步还是远远不够的。一个事物被感觉了，被认知了，还有其他与之关联的事物尚未获得感觉或知觉的认知，对于众多事物来说，“顾此失彼”“只知其一而不知其二”，或者仅就某单一事物整体性的知觉形式，还远远不足以为个体自我提供向世界更深更广领域探索的法眼。

随着人类欲望层次的不断上升，引起关注或注意的事物的数量也在不断增多，从而导致自身与外界事物之间的联系以及发现外界事物与外界事物之间所存在的各种联系也在不断增多，这种在事物与事物之间发生的牵一挂二、牵三挂四、牵五挂六的联系以及以几何级数展开的机理，已远非单镜头照相机式的感觉和多镜头照相机式的知觉这种简单的认识能力所能勘破和企及，这就需要有更高一级的认知能力来完成对其他更多事物及其相互联系的认知，这个能力不是别的，而是与表象、联想、想象和思维等经验相关联的情觉。

一、欲望与情觉的关系

除了感觉、知觉等觉性认知能力之外，还有一种认知能力虽然常为我们所借重，却因其游荡在我们的五官之外、隐蔽在我们的内心深处，并与我们体内的植物性神经系统（亦称内脏运动神经系统或自主神经系统）密切相连，而不为我们的主观意志所能直接掌控和直接驾驭，却要借助五官所获得的各路信息的汇总而得出对目标对象的表达性和评价性结论，这种结论会在心理层面发生特定的作用和反应，这就是情觉。

情觉即是个体自我在感觉基础上和关于事物之间相互联系的知觉及其知觉经验基础上，对于特定欲望意义潜在地激发植物性神经在内脏运动系统产生特殊干扰作用，并由此而表现出来的更高一层次的感知过程、感知形式和感知能力。

情觉一旦发生，我们的机体内部便会产生心脏跳动加速、血液循环加快、体温上升、分泌物增多或减少等生理性反应，这些反应虽然归属于植物性神经来打理，但对于我们对待和处理与目标对象之间的关系却起到特殊的激励作用，不管是正激励还是负激励，都会使我们的心情、感情、情感、情绪、态度、心态、脾气、表情等发生相应的改变。这就是情觉的力量。

情觉是确实存在的一种觉性能力，是对看不见、摸不着的抽象的关系或联系而产生的心理感受性认知。我们每个人都经历过一个人友好的善意的态度所引起的反应或不友好的恶劣的态度所引起的反应，我们通常对这些态度的反应是很敏感的，或者对一句批评的话有时会感到很舒服，有时却感到很讨厌。

对此这么敏感，一定是知道了一种东西的存在，这种东西不是别的，而是我们与对方的关系及其表达内容和表达方式所透示给自己的特定欲望性意义。

这种意义是抽象的东西，并非单单指向那些直接作用在自己的五官之上的人、事、物，而是有关于这些人、事、物等信息汇总以后产生的意义直接作用于自己的欲望、自己的心理及其平衡关系上。自己对这些意义的反应发生在自己的身体内部，而不是发生在单一的视觉、听觉、味觉、嗅觉、触觉这些简单的外部感觉上。

只有最终转化为自己身体内部亦即内脏运动神经系统的反应才是情觉所系。

同时，情觉的发生也是生理——心理互通互动转化原理的充分体现。

情觉概念的提出，应该是对传统生理学和传统心理学对人类认知过程、认知环节和认知形式的突破和补充，正是这一突破和补充，解决了人类对情感问题的生理结构性认知和心理机制性界定。下面，让我们领略一下情觉在生理结构和心理结构中存在的客观位置和意义。

人们在恋爱时，当对方第一次亲吻自己的脸颊，心头通常会有一股热流涌起，心跳加快，面色潮红，体表变热，这是情觉在封闭式内部循环的生理系统（见《欲望与精神心理学》第一章：人体八大欲望系统）中影响和促使植物神经主管的心脏、血管、腺体、血液、体液等联通联动、共同汇合而发生作用的结果。

当一对恋人在温馨静谧的卧室里相拥而卧，彼此用手抚摸着对方温柔的肌肤，仿佛置身于爱情的磁场里，彼此被强烈地吸引着，男人的性器官可能会不由自主地迅速充血而勃起，女人的性腺可能在不知不觉地分泌着润滑的浪液，这些生理性变化都是封闭式内部循环的生理系统中的情觉在无声地发生着作用。

当人或动物发怒时，皮肤收缩，血压上升，体液涌荡，体气臌胀，心脏跳动加快，血液流速加快，眼睛会瞪得很大，充满血丝，有时口干舌燥，体液减少，这些生理变化都是封闭式内部循环的生理系统中的情觉发挥作用的结果。

当个体自我利用全部感知能力和感知方式所获取的各种信息，经大脑汇总后，其所传达的欲望意义必然对整个自我身心内外产生全方位的影响。这种影响也必然波及到管辖内脏运动系统的植物性神经系统之中，并在欲望力所驱动的正方向或反方向上产生不同的冲动性反应，这种冲动性反应就是情觉。

一方面，情觉以感觉、知觉、注意、记忆、表象、联想、思维等认知方式为基础和前提，对这些认知方式所获取的各路信息，以其对欲望的达成有利或无利为标准而在人体内环境中做出内在反应。

另一方面，情觉的反应方式体现为内部封闭式生理结构中的液态感或气态感冲动，没有封闭式生理结构便无法产生也无法体会到这种冲动的存在。正是人体封闭式生理结构才为各种信息在欲望方向上引起的液态感或气态感冲动提供了可感性条件。

情觉的冲动是机体内部的体液或体气在内循环和内分泌等封闭式生理结构中的涌动、波动和洋溢性反应的结果。

我在本书系中阐述过，所有欲望形式都产生于开放式内外循环系统，如呼吸系统、消化系统、神经系统等，而凡是封闭式内循环系统，如血液循环系统、内分泌系统、免疫系统等都不能直接产生欲望，但这些生理系统却以其内在封闭性特征而使个体自我感受到体内气态、液态的波动和涌荡，包括血压、气压的变化以及由此引起的心脏跳动、血液循环、腺体分泌等变化，而人类的情觉就是借助这种变化而做出的具有特定倾向性的反应。

我们对一个东西软硬的直接认知，靠的是肤觉或压觉；对一个东西颜色的直接认知，靠的是视觉；对一个东西声音的直接认知，靠的是听觉；对一个东西味道的直接认知，靠的是味觉；对一个东西气味的直接认知，靠的是嗅觉；而对一个东西或人对自己有利或不利的关系性认知，靠的是情觉。事物自身本不分利弊，其利弊在这里主要是以对主体自我有利或无利而言的，也是对自己的欲望满足有利或无利而言的。

或许有人认为人的理性也是可以分清利弊的，但理性的到来总是滞后于情觉的直接感应，是通过学习教育和生活实践的打磨之后才能具有的逻辑性认知形式。

情觉就不同了，可以对隐含在事物关系中的利与弊直接做出感知、体验和评价，我们通常会说“秦桧也有三个相好的”，意为人与人之间或人与物之间感觉好与坏，并不是纯理性的产物，而是情觉的直接产物。这就导致社会上人们经常会犯感情的错误，甚至远远脱离了理性的约束，经常为了满足情觉的需求而背离理性的轨道。

我们知道，任何感觉都必有特定的神经在其中发挥功能，情觉也一样如此，情觉的发动是外部感觉神经与内部植物神经相互配合、相互协调、相互干扰的结果，而不是具有自我控制能力的中枢神经系统、周边神经系统或躯体运动神经系统在发挥作用。

这也是很多生理学家或心理学家为什么一直很难找到心情、心态、态度、情感、情绪、感情、脾气等是在哪一个神经环节或心理环节上产生的原因。其难点就在于这些东西都是源于植物神经在暗中发生作用的缘故，而非主观意志主导的内容。

我们模糊，我们不觉，我们说不清道不明，就在于这些东西非意志所能主控，或者说，这些东西，并没有进入我们的主观意志中来，不为我们的主观意志所支配、所掌控。

我们有时不能控制我们的感情，不能控制我们的心情，不能控制我们的心态，不能控制我们的情绪，不能控制我们的情感，不能管好我们的脾气，原因就在于此，就在于我们的植物性神经系统本来就不归我们的主观意志所控制。

我在本书系还提到了性觉这个概念，指的是个体自我对于生殖性匮欠或性对象的各种性征刺激而做出的冲动反应。其实，这个性觉自有其特殊性，之所以说它特殊，就在于它有时表现为感觉，有时表现为知觉，有时表现为情觉。

在未见有对象刺激而自动发生了性匮欠，这种情况下产生的性欲为本性欲望；当有性对象或性影像直接或间接刺激了主体，并产生了性欲，或者当有性对象以其特有的性征刺激了主体，而产生了性欲，这两种情况都属于感性欲望；当有性对象却未见其有明显的性征，其貌平平，未能引起性欲，但后来发现其隐藏的性器却极具女性诱惑力，且性征明显，性感盎然，导致此人对这个性对象产生了性欲，这是知性欲望使然；此后当自己每次见到此性对象，都会相依相偎，缠绵不绝，并导致自己的性器官不由自主地勃发、臌胀，或性腺开张，浪液洋溢，此等情景便是情觉产生的情性欲望使然了。

情觉发生于主体在欲望的驱动下而与事物之间的联系之中。事物的联系是普遍存在的、多种多样的，但只有与人的欲望具有直接或间接联系才能使人产生情觉。

而人类大脑对于联系的反应则更多地使用联想、想象和思维。由于某人或某事物而想起其他相关的人或事物，由某一概念而想起其他相关的概念，由某一关系而想起其他相关的关系，这个过程的实现要靠表象、联想、想象和思维等多种认识能力的综合运用。

一般来说，在空间上和时间上同时出现或相继出现，在外部特征和意义上相似或相反的事物，反映在人脑中便会建立联系，以后只要其中一个事物出现，便会在头脑中闪现与之相联系的另一事物的表象，这便是联想。“见鞍思马”“睹物思人”“即景生情”等都是联想或情觉的功能效应所致。

联想可分为因果联想、相关联想、相似联想、相近联想、对比联想等多种联想形式，沿着这些联想的链条和逻辑可以形成一个简单的思维过程。

正是通过表象、联想、想象和思维等高级认知手段，才使得客观事物之间存在的各种关系反映在人脑中，并在欲望的驱动下形成对客观关系的主观认识。

二、情性欲望产生于主体与事物之间的联系之中

我们不禁要问一下：联系或关系是怎样发生并进入人脑而形成特定意义的呢?

首先，人作为主体，与客体事物之间的关系或联系，是在欲望的驱动下由人的感觉、知觉等神经功能（特别是衍射功能、感应功能、反应功能等）建立起来的，是由欲望感应对接起来的。其中最先表现出来的是神经与刺激之间发生的关系或联系，后经神经传导到大脑之后，便在主体自我与客体目标之间建立起来第一重关系或联系。

这重关系或联系的特点是，主体是被动的，客体是主动的，客体作为刺激物而向主体发出了刺激信号，包括匮欠性刺激、目标性刺激等等，从而建立了客观匮欠与主体自我、外在目标与主体自我之间的关系或联系。

其次，在客体施加于主体的第一重关系或联系当中，人的神经感知到刺激信号之后，必然遵循舒适原则，且沿着负舒适感或正舒适感方向产生了“不要”或“想要”的欲望冲动，然后再由欲望力驱动感官寻找填充匮欠的目标，这样，主体与客体之间的第二重关系或联系便产生了。

这第二重关系或联系的特点是，主体是主动的，客体是被动的，主

体作为匮欠者而向填充物目标的客体发出意志性或意念性投射或注意，从而建立了新的主客体之间的特定关系或联系，这一关系或联系主要体现在作为主体的自我与作为客体的填充物目标之间的关系或联系。可以说，这第二重关系或联系是由人的欲望直接催生出来的结果，是在人的欲望的激发下、驱动下和引导下而与外界特定事物目标之间建立的联系或关系，没有欲望便不会引起人对外界某一个或多个特定事物目标的注意或关注，便不会造成主客体之间的联系。

再次，围绕填充物目标建立起来的诸多竞争者或合作者成为主体不得不关注的对象，从而形成某种与目标有关的并列性的特殊关系或联系。如主体与其他几个人同时追求一个欲望目标时而产生的特殊关系或联系。

另外，与欲望相关的作为客体目标的事物，同时也与其他事物存在着千丝万缕的背景性、场景性、外围性关系或联系。这些客体事物及其关系或联系在欲望的驱动和覆盖下，主体也必然产生对这些事物感知和了解的意志倾向。

最后，人脑中的表象在欲望的驱动和诱使下经常会活跃起来，并与主体自我或欲望目标建立起某种虚拟的关系或联系，这种虚拟关系或联系，可以是主体自我根据某种欲望经验而与某种特定的目标建立起来的关系或联系。这种虚拟关系或联系如同一个以自我为中心的磁铁而与周围事物（也包括人脑中的表象）建立起来的场。这一点，我将在本书系中《欲望与场域心理学》中有详细阐述。

巴甫洛夫认为“所有的学习都是联系的形成，而联系的形成就是思想、思维、知识”。

鉴于联系本身所具有的复杂性特征，人对于联系的认识通常并非一次性所能完成的，而需要多次反复加以认识，在多次反复认识的过程中，难免会在特定时空序列上出现主体对于事物、对于他人之间联系的游离状态或中断状态。而在游离中断期间，其他人或事物暂时离开了主体感知范围，这时就只能发挥表象功能，从而激活人的大脑捕捉过去时的事物形象而进入表象性的联系状态。这就是主体有时与不在眼前的客体事物之间也具有某种关系或联系、以及对这些不在眼前的事物仍然具有某种情感或情绪的根本原因。

表象是指过去感知过的事物形象在头脑中再现的过程，即已经认识过的客观对象不在主体面前呈现时，在观念中所保持的客观对象的形象和客体形象在观念中的复现，就构成了表象这一认识过程。

表象既可以是对某一事物个别属性的再现，也可以是对某一事物整体属性的再现，还可以是对多个事物之间的联系特性的再现。而正是从主体出发所形成的与其他事物之间关系的认识，在其不在眼前时，便产生了一种与这种联系有关的中断性匮欠或程度性匮欠。

其中，中断性匮欠源自于主体与事物之间关系的游离或中断，程度性匮欠源自于主体与事物之间关系的紧密程度尚未达到所期待的目标和境界。这两种匮欠都可以经由表象形式而在大脑中展现出来。

一旦这些匮欠被填平，主体也便不再继续为这些关系而感怀。这就意味着，欲望主体不但对现在时的人或物产生现实性的情绪或感情，也会对过去时的人或物产生表象性的情绪或感情。

随着年龄的增长，人的感觉和思维的触角必然要触及和深入社会层面，相对于社会其他成员的社会性欲望便渐次活跃起来，并催生和唤醒了“他”与“我”的关系意识。

在这种关系意识中，通常会发生一次震撼性的觉醒过程，即一个人总会在一次寻求某种欲望满足过程中而被打折、被终止或被第三方势力阻挠和截留的挫折中，感觉到这个世界并非完全属于自己，并非为自己所独有，一切自己欲求的东西，一切自己欲望所指的东西，都不同程度地存在着反而被他人占有、被他人瓜分、被他人抢先、甚至被他人掠夺的可能性、危险性和缺憾感，自己喜欢的东西非但不能成为自己的，却有时还要眼睁睁地看着成为别人的，自己想要的好处未必会如愿以偿，而可能会成为别人的掌中物。

这种由人与物之间的特殊关系而产生的抱憾本身就是一种匮欠，这种匮欠即是自我意识觉醒的开始，也是社会性欲望产生的根源。

“我”与人之间，人与“我”之间，人与人之间，似乎都在为自己能够更多地占有世界上有限的美好的东西而分别地和对立地存在着，不仅物质资源常常被其他优势个体或强势群体更多地掌握、占居和抢夺，而且包括美貌、聪慧、称赞等其他美好的东西，也并非为自己所独享，甚至较比之下很可能会相形见绌，自逊一筹，步人后尘，在与其他人的竞争中遭受不同程度的排斥、诋毁、欺凌的事件难以避免并时有发生，这时候相对于社会其他成员而产生的“自我意识”开始变得越发敏感且强烈起来，优越的傲慢性或失落的抱憾性情绪也自兹而生，社会性的觉醒是人产生诸如权力欲、价值欲、荣誉欲、分享欲等社会性欲望的深层次背景和根本缘由。

正是“自我意识”的出现和觉醒，才使人产生了设法出人头地、脱颖而出、奋勇争先、超群出众、独领风骚的社会性欲望，这些欲望不单单包括控制欲、权力欲、官欲、荣誉欲、价值欲，也包括爱美欲、交友欲、交流欲、分享欲、兜售欲、自大欲、好为人师欲、自我成就欲以及爱人欲和被爱欲等等。

人进入社会之后，不止会从自身有限的感觉中产生社会性欲望，也会从无限的社会经验的知性中产生社会性欲望，即在眼观六路耳听八方的社会性信息的汇总中发现目标，而后开始产生对这一目标的倾慕、垂涎和追逐的欲望。

人对于社会上其他人、事、物耳濡目染的过程也是一个感性、知性、情性并进的过程，因而也是一个不断发现新的目标和不断产生新的欲望的过程。

人的情感世界就是在主体与物、与人的各种关系或联系的表达、交流、互动中形成的。

我们把主体因与欲望目标之间的联系，以及与该欲望目标相关的其他人、事、物之间的联系所形成的表达性匮欠而引起的情觉性应答反应，称之为情性欲望。

换句话说，情性欲望就是主体对自己与事物之间联系或主体与人之间联系的表达程度和表达效果的情觉反应。这就使情性欲望既包括主体与物的情觉反应，也包括主体与人的情觉反应，还包括主体与某种特定的事件、情境或氛围的情觉反应三种类型。鉴于情性欲望是基于自我与事物之间、与人之间联系的表达性产物，我们也可以把情性欲望称为联性欲望。

情性欲望产生的能量、能力、功能或效能，也属于心能的范畴。这不但意味着一切情绪反应都是心理反应，也意味着一切心理反应和情绪反应不但可以发自于知觉，也可以发自于情觉。或者更准确地说，情觉的产生首先是以知觉形成的确信为前提的。

上面已经论及，联系是作为客体的事物与作为主体的自我、以及作为主体的自我与作为客体的事物之间所发生的互应、互动关系。在欲望系统中，站在主客观的双向立场上看，我们可以把联系或关系更详尽地总结为以下五大类。

第一类是客体对于主体产生的关系或联系，即作为客体的他者与作为主体的自我之间的联系。通常情况下，是客体他者对主体自我发生某种刺激的形式出现的，此时的主体在这一联系当中具有一定的被动性。

例如，当寒风吹着人的脸时，人与寒风之间的关系或联系，就具有一定的被动性。客体对主体产生关系或联系，更多的时候体现在主体的外部，但也有的时候却体现在主体的内部，比如疼痛的感觉起源于疾病造成的客观损害对于主体机体神经感觉之间的关系或联系。这就意味着，即便是隐蔽于身体内部的器质性损害或疾病状态，也都属于客体他者对于主体自我发生刺激的形式而呈现的关系或联系。

但生活中很多感觉和知觉的内容，都来自于外在客体的某种刺激，这些作为刺激的外在客体事物有的与主体的某种欲望具有直接或间接的联系，因而成为与主体具有特定联系的基本对象。

第二类是主体对于客体产生的关系或联系，即作为接受某种客体刺激的主体因获得正舒适感或负舒适感而产生具有一定目标指向的欲望，受欲望的驱使，主体会与填充物目标客体建立关系或联系，这时的主体在这一联系当中具有一定的主动性。例如主体在性欲的驱使下，主动与异性接触，并不断做出讨好异性的举动。

第三类是主体与主体之间产生的关系或联系，即针对同一个填充物目标，可能会被多个主体所青睐，这就使得多个主体之间产生了关系或联系。例如，几个人同吃一块面包，或几个人同争一个工作岗位，那么，这几个人之间就会产生某种关系或联系。

第四类是客体与客体之间产生的关系或联系，即与主体相关的多个外在客体之间、以及客体与其他客体之间的关系或联系。例如，在主体与作为食物的面包之间存在的关系或联系之外，还存在着面包与面包师之间、面包与烤箱之间、面包与温度之间、烤箱与电之间、电与钱之间等各种各样的客体与客体之间的关系或联系。

第五类是主体自我与虚拟事物之间产生的关系或联系，既可能是主体自我对虚拟客体直接产生的关系或联系，比如画饼充饥、叶公好龙；也可能是表象中若干对象之间的虚拟性关系或联系，比头脑中回想、分析或推断的某些人、某些事、某些物之间可能存在或可能不存在的某些关系或联系。

在这五大类关系或联系中，唯有第一类是客观事物施与主体的关系或联系，正是这一类关系或联系，才使得人受到了刺激，产生了欲望，其他四类关系或联系都是主体欲望辐射覆盖下的产物，因此我们将前者称之为原发性关系或联系，而将其他四类称之为后发性关系或联系。

人与人之间的联系，大多是第一类关系和第三类关系的间接产物，即在欲望主体与外在目标性事物之间的直接联系当中，往往介入了人的因素。

比如婴儿与食物之间虽然构成了欲望主体与目标性事物之间的直接联系，但婴儿的食物却通常由母亲掌控，婴儿与食物的关系演变成了婴儿与母亲这个人的关系；同样，世界上大多数外在目标都被其他人掌控着，这就使得人与物的关系大都演变成了人与人的关系；而且，面对同一个目标，可能会有多个欲望主体趋之若鹜，这些围绕同一个目标的不同主体之间也自然会产生合作与竞争的关系或联系。

人与物之间、人与人之间可以因为联系而产生情绪或情感，但物与物之间因为没有欲望关系和神经感应关系，不会借助联系而产生情绪或情感，因为物既然是没有智能的，也便是没有欲望和没有情感的。所以，情绪或情感只能是第一类、第二类和第三类联系的表达性产物(动物世界也与此类似)。人对于那些能够帮助或妨碍自己满足欲望的人、事、物产生情绪或情感，对那些与主体欲望无关的人、事、物则不会产生表达意志，因而也不会产生任何情绪或情感。

这说明，情绪或情感本身是一个天生的“势利眼”。这个“势利眼”遵循的是利益至上的处世原则。谁对“我”有利，“我”便对谁好，便对谁产生认同的、亲密的、友爱的、喜欢的、热烈的、眷恋的、善良的心情、感情、情绪、心态或态度；谁对“我”不利，“我”便对谁不好，“我”便对谁产生不满的、疏远的、讨厌的、冷漠的、排斥的、反对的、消极的、悲观的、怨恨的、罪恶的心情、情感、情绪、心态或态度。

情感这个天生的“势利眼”潜藏在我们的内心深处，伴随着我们与世间万般物、万般人、万般事打交道，它长着无数张脸皮，无数张嘴巴，随时可以变脸、翻脸和换脸，随时可以启动唇舌而嬉笑怒骂、悲喜交加。

有时它表现得很尊贵、很高尚、很大度、很良善，有时又会表现得很卑贱、很猥琐、很恶毒。有时可以“一往情深”、“两情相悦”、“情投意合”、“情深似海”、“热情似火”，有时却又“翻脸无情”、“冷漠绝情”、“不近人情”、“虚情假意”、“故做多情”，情这东西可谓变化多端，“风情万种”，同时又情随事迁，事随情变，真是人情有冷暖，世态有炎凉。

情不但是个“势利眼”，而且还是个“小白脸”和“捣蛋鬼”，其变化性，实在让人很难把握。

同时我们还应该看到，情感与情绪两个词语界定的范围并不完全一致，情感的好坏直接影响着我们的情绪，喜怒哀乐忧思惧虽然早在本性欲望阶段既已产生（本性欲望阶段只有情绪而没有情感），但自从出现了情感，情绪这东西便时刻追随情感而动，成为了情感的“铁哥们”，甘愿步情感之后尘，如影随形地与情感相伴，随情感趋好而欣喜，伴情感转恶而怨怒。

人与物之间、人与人之间建立的各种联系存在着远与近、疏与密、紧与松、轻与重、热与冷、长与短、好与坏、善与恶、喜与忧等带有一定倾向性的联系，这就导致在对于“联系”的表达过程中经常会出现一些障碍性、隔阂性、中断性、间歇性、起伏性等不平衡的匮欠性事件，这也是情性欲望产生的根本原因之一。

三、从情性欲望到自我表达

情性欲望以表达的方式和表达的程度或效果来获得满足。正如世上不存在没有对象的联系一样，也同样不存在没有对象的表达。即便自言自语，也不过是一个自我形式与另一个自我形式的特殊表达。

将联系转换为主体对客体的有倾向性的表达即产生了情性欲望。而人类限于自身既有生理能力和智慧水平，只能采用面部表情表达、肢体动作表达和语言符号表达三种方式。

而任何表达都是以自我大脑对某种具体生理性匮欠或心理性匮欠的特定反应为出发点，以欲望目标与欲望匮欠之间所建立的相互联系为转轴。这种在欲望场内由主体自我对于填充匮欠的客体目标产生的辐射性搜寻或倾向性链接，实际上就是欲望感应。正是通过欲望感应，才使主体自我针对于外在事物产生了各种各样的联系和各种各样的心情、情感、情绪、心态或态度等。

以上在物与人之间、人与物之间、人与人之间和物与物之间这四种联系或关系都在欲望的驱动下，借助感觉、知觉等认知能力而在人脑中产生反应，从而实现对这些联系或关系的认识和应对。

由对一事物的认识而跳跃到对另一事物的认识，或跳跃到对其他更多事物的认识，这种循着事物与事物之间联系或关系的机理而发生的联动式或联锁式的认识方式，需要依靠联想、想象或推理的功能来完成。正是基于作为感知主体和欲望主体的人与数量众多的事物之间的联系或关系的认识渐趋明朗和全面，对这些联系或关系引起的刺激反应也愈发注意并敏感，才使人独立于“他者”的“自我意识”也愈发强烈起来。

可以说，人的自我意识在本性欲望阶段处于潜伏状态，在感性欲望阶段处于发轫状态，在知性欲望阶段处于初显状态，在情性欲望阶段则进入了纠缠状态。

这一时期，人的自我或自我意识非但没有完全确立起来，反而陷入了各种盘根错节关系的纠缠与振荡之中，一时半会好像还难以脱身。在“我是谁、他是谁、我与他或他与我到底是什么关系？”的问题上还不能一下子理清头绪。这真是“我跟你或你跟我没发生关系时我没想过，自从搅入关系之中我开始想了，可是因为这关系太复杂了让我越想越糊涂”。所以，这时的自我或自我意识还不能从尘世的关系中清晰地超脱出来。

在欲望场内，正是基于人与事物之间存在着联系或关系的因素，人与物之间、人与人之间因联系程度或关系程度的疏密深浅而产生的情感意识，也随着人们对联系或关系认识的明朗化和清晰化而日渐觉醒和成熟，日渐敏感而强烈。

在欲望场内，正是基于人与事物以及事物与事物之间存在的联系或关系，才使得人的联想功能、想象功能和思维功能派上了用场，联想、想象和思维正是从联系或关系的轨道上和逻辑上展开了翅膀，并在自我与众多事物之间、在众多事物与众多事物之间、在众多事物的特征之间往复飞翔，并充分显示了它的神奇与超越。可以说，没有联系或关系，联想、想象和思维便会潜伏不动，沉寂无言，联想、想象和思维的功能便得不到充分发挥。

在欲望场内，正是基于客观事物之间各种关系或联系而产生的联想、想象、推理，才使人的思维进入了自我与自然界之间、自我与社会之间的关系层面，并为理顺、应对和处置这些关系而推动了情感因素在人类心理和意识活动中的日渐凸显（我在本节所提到的情感概念，是发轫于关系或联系基础上而产生的包括心情、心态、感情、情绪、态度等在内的非常宽泛的概念，以下叙述提到这其中的任何一个概念，都包含着这几方面的内容）。

在欲望场内，正是基于自我与外在人、事、物之间关系的明朗化和清晰化，以及各种关系盘根错节、纵横交织的复杂性，使得自我与自然、与社会的关系获得了明确的认知和反应。人是自然人，同时也是社会人的观念开始深入人心。这时的人已经完全进入了社会层面，并成为社会中的一员。在此之时，个体的自我意识与他者的对立性存在的认知已经变得越发明确起来和辩证起来。

在本性欲望的驱动下，人与事物之间产生了联系。在这种联系中，能够带来欲望满足或顺应欲望期待的事物，可以使人产生依恋于该事物的朦胧的喜欢的情感，妨碍欲望满足或违逆欲望期待的事物，便会使人产生朦胧的烦厌的情感，这是人与事物之间因联系而产生情感的初级阶段。而人与人之间产生情绪或情感的情况则相对要复杂得多。

早在感性欲望阶段，作为欲望主体的人便已经与目标所指之物产生了联系，但这个目标通常并不会自己飞来，而总是要借助其他媒介或其他人来获得对目标的占有，同时期待同一目标的欲望主体也通常非止于自己一人，而可能会有多个人参与对这一目标的竞逐。

非但如此，这个目标通常还会被另外的主体占有着和把持着，人与物的关系由此演变为人与人的关系。人与人之间的关系正是经由与物之间的联系而产生。作为欲望目标的物是人与人之间产生联系或关系的媒介和纽带。一个人本身不会成为另一个人的欲望目标，但人对物的权力却常常会成为欲望目标而引起人们的竞逐和追从。人与人之间的情感便在这种权力的实施、交错和互动中擦出火花，并产生情感效应。

因为情感过程和情感结构十分复杂而隐秘，人类语言作为一种介质或载体，也作为意识或情感的附体或附着物，对意识或情感的表达是有局限性的和难尽其意的，每个人的情性欲望也因此总是难以获得最大程度的满足。

用来表达的语言不是对意识或情感的照搬或复制，而是对意识或情感的描述和临摹，或者说是意识或情感的赝品或仿品，人类以其语言词语的模糊性特征和语言表达方式的变幻性和局限性特征，不可能将自己的意识和情感表达得原模原样，错漏、偏差之处在所难免，这也是人类表达能力无法达到的高度。

人作为一个具有相对独立性的个体，自从有了自我意识之后便产生了自私、自尊、自卑、自珍、自爱、自恋等人格体验和感受，这些仅限于同一个体人格框架内所分裂出来的不同自我角色之间的情感表达，可以在弗洛伊德的自我、本我、超我三位一体的分裂型人格中找到答案，或者在我所阐述的十能人格结构关系（见本书系《欲望与人格心理学》）中产生。

情感原则是同一自我不能单方面产生情感。即便自恋的人，并非其“本我”对于“本我”的自恋，而是“自我”对于“本我”的爱恋。你爱恋你的身体或身体的某个部分某种功能，并非身体或身体的某个部分本身兀自产生了爱恋之情，而是属于精神的或心理的另一个层次的自我产生了对于身体的爱恋之情。

情感是欲望的产物，而非肉体的产物，欲望的自我可以对肉体的自我产生爱恋，肉体的自我却不能对欲望的自我产生爱恋。这就是说，情感是一种有对象性的表达，没有对象的情感是不存在的。这就是情感原则所界定的内容。

情感只能产生于自我与对自我欲望有关的“他者”之间。特定欲望力所驱动的“他者”即是情感的表达对象。这说明，情性欲望与对象相连，一个独立的自我在没有与特定的“他者”产生关系之前，是不会产生感情的。

情性欲望在生活中随处可见可感，比如爱与被爱的情感欲望，归属欲望，联络欲望，社交欲望，寻根欲望，爱国爱家、爱工作、爱事业的欲望，以及对别人、对社会有用的价值欲望（没有与其他人的社会性联系便无所谓价值感）和对别人、对社会有害的破坏欲望，等等。

其他还有与心理活动有关的情性欲望，诸如嫉妒、怨愤、恼怒、畏惧、忧虑、报复等反应都具有与主体欲望有关的对象。

没有对象关系的嫉妒、怨愤、恼怒、畏惧、忧虑、报复是不存在的。只不过这类情性欲望一般都是通过情感的“铁哥们”——情绪表现出来的。在此等情况下，情绪已经演绎为情感的外在表现，情感是情绪的幕后推手。一切情性欲望均起之于自我与外界人、事、物之间的联系。

四、从情性欲望到社会关系

人类社会是在众多个体的情性欲望驱动下形成的，作为已然介入其中的个体的人，必然因为面对社会的存在而逐渐形成了一定的社会性观念和社会性行为。人与人打交道，人与人互相联系、互相影响、互相制约、互相激励、相互帮助，相互合作与竞争，成为每一个社会个体不可逃避的生存法则。

人产生了欲望，欲望反过来又驱动人的行为，并在欲望系统的层次反应中促动社会关系的发生与发展，进而形成社会意识形态（包括社会伦理、社会规范、社会道德、社会理性等）和人的主观精神世界，这个过程虽然复杂，但却遵循着一种严谨的程序、逻辑和规律。

在人类欲望系统中，个体在追逐某一欲望目标的同时，这一欲望目标也可能被其他人追逐着，并成为其他人的欲望目标，可谓是“螳螂捕蝉，黄雀在后”。社会上人与人之间的关系，揭开表面现象之后，所看到的其实无一不是欲望关系。这种欲望关系可以分为彼此两个方面，一者叫欲望人，一者叫欲权人。我们把产生并拥有欲望的人叫做欲望人，把掌握、控制、支配和占有匮欠填充物目标资源的人叫做欲权人。欲权人的权利仅在于对填充物目标资源的所有权、控制权、占有权和处置权。

社会上大多数人的欲望目标对象即匮欠填充物资源大都很不幸地被另一些人掌控着、支配着、占有着或管理着。在大多数情况下，甲期待的目标，可能也是乙倾慕和垂涎的对象。某人喜欢的或认为有用的东西，可能也是另一些人喜欢和认为有用的东西。这就是说，每一个人手中拥有的资源性目标都可能会成为另一部分人的欲望目标。这就使这种目标性资源在某种程度上起到了一种桥梁的作用，使得人与人之间变成了一种彼此有用、彼此需求，互补互动和对立统一的关系。

从这个意义上说，社会上每一个人都是欲望人，每一个人也都是欲权人。即便是一个一无所有的人，也可能以其自身的形象、智慧、劳动力、生殖能力等内容而成为欲权人。这也是每一个人的命运既有一部分掌握在自己手中、也有一部分掌握在其他人手中的根本原因。

人生中绝大多数欲望都需要得到其他人的呼应、支持、配合或帮助。与其他人打交道并设法建立和形成良好的社会关系是作为欲望人不可逃避的选择。人们只有让自己充分融入社会并成为社会人，才能实现生存和发展的目标。即便是漂流在孤岛上形单影只的鲁滨逊，也无法彻底脱离社会力量的铺垫和助益，他要借助船上遗留的食物和工具而获得岛上初期生活的基本条件。

从人类的认识过程来看，人对于社会的认识也是从简单的感觉开始的，即从社会的个别属性上开始的，尽管这种感觉最初还表现得比较单一，比较模糊，但作为人类认识世界特别是认识社会的第一步，这个单一而模糊的觉知过程却是人类认识大千世界必不可少的环节，是一个不可逾越的程序。我认为，这主要体现在以下三个方面：

第一个方面是个体对于社会关系的存在或迟或早总会感觉到。这也是对一个人社会能力成熟度做出评价的重要指标之一，有的人对于社会的认识能力、适应能力、感悟能力和应对能力等方面成熟的早一些，有的人则成熟的晚一些。我们可以把人类个体对于社会的感觉称之为社会感觉。

第二个方面是个体对社会关系或迟或早必然产生某种需求和依赖，可以称之为依赖感。人自一出生开始，便离不开其他人的呵护、抚养和照应，至长大成人之后，面对来自大自然或其他社会力量的威胁，面对生存的需求压力和精神的需求压力，也同样离不开与其他人的交流、互动与合作。

第三个方面是个体对自我常年受社会关系的掣肘与制衡也迟早会有

所感觉。个体既对社会产生依赖，产生仰仗，社会也会对个体产生制衡，产生约束，而被制衡、被约束往往源自于有所依赖，有所借重，有所不舍。正如下属受制于领导者一样，之所以受之驱役，就因为自己的命运很大一部分掌握在领导者的权杖里，否则，就无须对领导者低眉顺眼，更无须为他牵马扶凳。在依赖与反依赖的夹缝中，个体会感觉到两种力量的对应性、对立性和统一性存在。

人对于可触可摸的具化的客观事物如此，对于不可触不可摸的虚化的社会关系也是如此。社会的帮助、合作、赞美、批评、竞争、拒绝、漠视、攻击等正反两面的东西，以其与自我的特定关系而必然有一些会引起个体的注意，从而使得个体认识社会变得更具体、更深入和更明确。

感觉在实现了对社会个别属性的认识之后，通过注意这个过程，逐渐聚焦式地实现了对社会整体属性的认识。我们可以把人类个体对于社会的知觉称之为社会知觉。

通常我们所说的客观刺激物既包括物也包括人。人对于物的感知是我们论述最多也是最容易理解的，而人对于人的感知却还需要转换一下视角。人在对别人感知时，不只停留在被感知的面部特征、表情、身体、姿态和外部行为上，而且还要根据这些外部特征来了解他的内部动机、心理、目的、意图、观点、意见、思想、见识、境界、信仰等等。

人的社会知觉一般可分为以下三类：

一是对象知觉。主要是自我对与自己存在某种欲望关系的对象的外部面貌特征和行为表现的知觉，并通过对其外部表情、行为、语言的知觉，认识其动机、感情、意图等内在的心理活动。

二是人际知觉。人际知觉是自我对人与人之间所存在的各种关系的知觉。人际知觉的主要特点是有明显的感情因素参与其中。

三是自我知觉。自我知觉是指一个人置身于社会关系背景下的自我心理状态、行为表现和现实处境的概括性认识，是确立自我角色、自我身份、自我地位、自我能力和自我评价的必经程序。

人的社会知觉与社会性客观事物的本来面貌常常不能划等号，这就会使人很容易产生错误的知觉或者偏见，使社会性客观事物的本来面目在自己的知觉中发生歪曲或曲解。产生偏差的原因有很多，比如第一印象作用、晕轮效应、优先效应、近因效应、观念效应、习惯效应、定型作用等等。

除了社会知觉严重影响人的行为之外，人的价值观、自我角色定位都会对人的行为产生重要影响。

比如价值观是人的行为的重要心理结构性基础，它决定着个人对人和事的接近或回避、喜爱或厌恶、积极或消极。

再比如在社会生活的大舞台上，每个人都在扮演着不同的角色。有人是领导者，有人是被领导者；有人当工人，有人当农民；有人是丈夫，有人是妻子，等等。每一种角色都有一套属于自己的行为规范，人们只有按照自己所扮演的角色的行为规范行事，社会生活才能有条不紊地进行，否则就会发生混乱。角色实现的过程，就是个人适应社会环境的过程。

在角色实现过程中，常常会发生角色行为的偏差，使个人行为与外部社会客观环境或外部社会心理环境发生矛盾，这就需要不断做出自我调整。

人的情性欲望一方面体现在自我与自然环境中各类客观事物之间的关系之中，另一方面则更多地体现在自我与社会环境中所存在的各种错综复杂的人际关系之中。

第五章 理性欲望
——人类欲望的第五层次

在前面几个欲望层次特别是情性欲望层次的推动下，人在与各种事物的关系处置中逐渐使自我主体意识得到增强。

即是说，世界上一切事物之间的关系，不管重要与否，只有涉及到自我时，只有涉及到自我欲望时，只有被自我辐射到和注意到时，才能产生对自我具有意义的关系。否则，凡是与自我欲望毫无意义的关系，都属于事不关己的非我性关系。这种非我性关系，不会自动成为自我意识所辐射的范围，因而也不会成为构建自我意识的基本组元或内容。

所以，人类所面对和所参与的一切关系，都是以自我为出发点、以自我为中心的关系，都是“我”的关系，都是与“我”有关的关系，离开了自我这个主体、这个中心，离开了与自我有关的欲望形式，一切关系也就失去了实质性意义。

所以，世界上的每一个人都是一个独成体系、独具一格的宇宙中心，都处于一个特定的、独立的关系网络中，不限于人际关系网络，也包括一切与自我有关的万事万物的关系网络，宇宙中的事物就像天空中飞翔着的若干种类、若干造型的风筝，每个人都与特定的风筝有联系，或者每一个风筝都被特定的人牵引着，不同的人处于不同的关系网络中，而且也必然是这个关系网络的主体或中心。

我们在情性欲望层次中已经认识到，关系即是产生情感的主因，情性欲望推动了以自我为中心的社会关系的发展与成熟，并使自我意识在各种错综复杂的关系网络中更加突出地显现出来。

尽管自我不过是自然界万事万物中的一员，尽管自我不过是社会芸芸众生中的一员，但因为每个人在自我性关系中都处于主体性地位和中心地位，这就不可避免地使自我注意到了各种关系的纠缠与牵制。

自我与客观环境之间的关系、自我与社会环境之间的关系成为主导自我意识形态的两大力量。其复杂性、势利性、隐蔽性和可变性，给关系主体带来了诸多困惑，这对于主体自我最初在本性欲望阶段所产生的控制欲无疑是一种巨大的挑战和无情的打击，因为控制欲的本质就是主体对各种关系（包括人与物的关系、人与人的关系）的自主协调、有效支配和随意驾驭的能力期待。

我已经阐述过，在情性欲望阶段，一个“联系”问题把这个世界和这个社会搞得纷乱如麻，让人难以洞穿世间机理。而一个“情感”问题又把这个世界和这个社会搞得盘根错节，变幻多端，几无规则可言。这就要求人不能仅靠感觉、注意、记忆、知觉、联想这类仍显低级的认识手段来洞穿世界的奥妙和社会的玄机，同时还要充分借助思维这种人类所特有的高级认识形式来完成这个使命。

一、欲望与理觉的关系

思维是人脑通过对各路信息的集成、综合、抽象、加工和处理而对客观事物属性及其各种联系和规律所进行的概括的和间接的反映。思维同感觉、知觉一样，都是人脑对客观现实的反映形式。感觉、知觉所反映的是事物的个别属性或个别事物的整体特征，属于感性认识；而思维所反映的是某一类事物共同的、本质的属性和事物间内在的、必然的联系，属于理性认识。

思维科学认为，思维是人加工信息以及输出信息的活动过程，而且是概括地反映客观现实的过程。从思维本质的信息论观点出发，人脑对事物个别属性的信息的反映是感觉认识，人脑对某一事物整体性信息的综合反映是知觉认识，人脑对自己与事物之间联系的信息做出表达性反映是情性认识，人脑对多个事物之间的联系的信息做间接的加工性反映则是理性认识。

比如人们看到鸟在空中飞翔，感觉它们自由自在，无拘无束，难免产生羡慕的欲望，这仅仅是对会飞的鸟而产生的感性认识和由感性认识而产生的感性欲望；后来通过观察更能分辨出某一种鸟的模样大小、姿色、声音特点和飞翔特点等，并逐渐了解鸟的生活习性，以便获得更多的对鸟进行观赏和审美的机会，这是对鸟产生的知性认识和由知性认识而产生的知性欲望。

再后来更发现不同的鸟，不但长的模样不一样，鸣叫的声音不一样，而且其飞行高度、速度和耐久性等也各不相同，这时的知性认识通过类属比较而益加完善。人和鸟之间最初可能没有联系，但因为有了感性或知性欲望的驱动，便产生了带有某种好恶倾向的联系，产生了喜欢哪种鸟或不喜欢哪种鸟的意识倾向，甚至产生了自己也希望像鸟那样的飞翔联想和期待，这就基于联系而产生了情性欲望。

但鸟是怎样飞翔起来的？要给出这个问题的答案，就可能会把鸟翅膀的煽动与扇子的煽动，以及这种煽动与空气的特性等联系在一起来思考，发现通过这种煽动可以产生一种浮力、驱力，鸟正是借助这种浮力和驱力的作用才实现了在空中自由地飞翔，这就使人对于鸟的认识实现了从现象到本质、从感性到知性、从知性到情性、从情性到理性的飞跃。

从生理学上讲，思维是一种高级神经功能，是人脑内部发生的一种生化反应现象，是产生第二信号系统的源泉。所谓第二信号系统，是以语言、概念作为刺激的反应系统，与第一信号系统——以电、声、光等为感官直接接受的信号作为刺激的反应系统相区别。声电光等第一信号系统产生的感性认识，如果能够借助语言概念等形成的第二信号系统，便可以更好地实现对事物及其联系进行分析、抽象、综合、概括、对比和分类等理性思维和理性认识。

思维是整个大脑为某一特定欲望的满足而调动各种神经元素共同发挥解难化疑性的功能，这一功能主要通过大脑皮层来完成。大脑皮层额叶负责编制行为的程序，调节和控制人们的行为和心理过程，同时，还要将行为的结果与最初的目的进行对照，以保证活动的圆满完成。研究发现，大脑半球左侧颞叶和顶－枕叶与思维具有密切的关系；大脑右半球在推理中起着重要作用。随着生理学、解剖学和认知神经科学的发展，人类思维的神秘面纱也正在被逐一揭开和勘破。

在主体的本性欲望、感性欲望、知性欲望和情性欲望的交错或联合驱动下，第一信号系统中的客体，包括各种事物、现象、环境、矛盾和问题，与主体之间形成了特定的联系，并对主体的生存和发展产生重要的意义和价值，因而成为主体思维意识必不可少和不可回避的认知对象。

这时作为主体的自我意识已经从自然事物的他者和社会人际的他者的两个层面中跃动并整合在一起，试图将自我从众多的复杂的关系中分离出来，并在喧与静、善与恶、好与坏、清与浊、美与丑中找到合适的界线、标准与规则，进而调整自己做出趋利避害的选择。

而任何界线、标准与规则都以保护自我、发展自我、成全自我和满足自我为终极目的，这时的自我和自我意识处于现实化和理想化的矛盾对立和统一之中。

换句话说，这时的自我矛盾刚刚上升到了理性的阶段，还不能超越理性而找到对理性的辐射视角，更未能获得统摄理性的主宰力量。因此，这时的自我还不能完全成为主宰自我的主人。

理性认识解决了两个方面或两个方向的问题，一个是已知问题，一个是未知问题。

主体经验过的已知问题中有许多内容或许多关系会带来负舒适感（凡是引起负舒适感的内容都不是人性化的内容），对这些不好的内容或不好的关系进行有效规制、理顺、改进和变革，则是理性认识必须加以解决的问题。

同时，在时间轴上，不但要对经验过的东西做出理性的制衡，而且对未发生的事情也需要做出理性的预判，这就使理性推理派上了用场。

缘于宇宙中的一切事物都具有相互联系的特性，使得推理成为可能。但事物的发展所遵循的“理”多种多样，每一种“理”所推导出来的结果也千差万别，即便是同一个事件，只要沿着不同的“理”的脉络发展，就会产生不同的过程和不同的结果。

人类凭借有限的体能、有限的智能和有限的意能，不可能把所有的“理”都按部就班地推导出来，也不可能在同一时间阈限中分别应对和控制不同的过程以及不同的结果。

更何况理性思维更偏向于常规逻辑，而事物的发展则是千变万化的，有时是不走常规的。

所以，理性不是万能的神兵，理性的力量总是有局限的，这就使我们永远无法像先知那样准确无误地预断未知和把握未来。

但上帝赐给人类的思维能力虽然是有限的，却也是有效的。理性终竟以其推理的功能见长，不但对于已知事物具备了一定的分析能力、解释能力和总结能力，而且对于未知事物也具备了一定的预判能力，这是前面几种认识能力所不及的。

自此，人类认识不再局限于为认识而认识，不再死板地、僵化地原地踏步，不再局限于类似照相机或摄像机那样被动地做简单投影式认识了，而开始迈入了像计算机一样能够能动地做出复杂推导式认识了，这充分体现了人类认识由被动认识向主动认识的进步和飞跃。

那么，人类是怎样感知到某种道理的存在的呢？这就是通过理觉而获得的。理觉是我在欲望动力心理学中提出的又一个全新概念。我认为，人类认识发展到理性阶段，对于隐含于事物现象中的规律、规则、道理，必然要有一种相应的觉察能力、觉知能力和会意能力为之做出明确的反应，这不是思维能力所能涵盖的内容，思维不过是人脑特有的逻辑联结能力和逻辑推理能力，而不是纯粹的对理性的确认和觉察性反应能力，所以，理觉的概念就有必要在这个环节上出现。

那么什么是理觉呢？简单地说，理觉就是对理性抽象内容的觉察或觉知，即大脑通过借助思维进行判断或推理并在达成某种特定的结论性理念和信念之后而产生的对其中某种规律、规则、程序、秩序、伦理、机理、道理的肯定性或否定性认知反应。

换句话说，理觉就是通过思维而对客观事物现象内部隐含的机理、义理、法理、事理、伦理、道理的确认性和会意性反应。一个人是否知理、识理、明理、循理，关键要看他是否具备足够敏锐的理觉能力。

我们在生活、学习、工作、科研活动或讨论问题时，对是非、对错的认知和评价，对他人“言之有理”的肯定，并非总是经过严谨细密、繁琐复杂的推理来实现的，而更多的时候则是根据已掌握的理性经验而直接发现、觉察和觉知事物或问题中的是非与对错，直接做出“对”或“不对”的反应，直接喊出“yes”或“no”；或者在研究某一问题而借助思维能力推导出某个特定的结果时，即刻觉察或觉知到它的正确或谬误，而很少犹疑不决，模凌两可，这种对理性的觉察性、认定性或知会性反应便是理觉。

就是说，理觉是主体凭借已有的经验对某种道理所做出的确定性或否定性反应。与此相反的是，有些人置身于某件事或某个问题中，虽然旁观者认为他有理、占理、在理，但他本人却不知自己的“理”在何处，对自己的正确性和对方的错误性均认识不清；也有些人本来没有理却偏偏强词夺理，死钻牛角尖，没理搅三分；还有些人在研究某个问题时，本来推导出了正确的结论，却不自信，或者推导出的是个错误的结论，却自认为正确，这些都是理觉不敏感或理觉有障碍的表现。

理觉来自于主体大脑对生活经验、人生经验、社会经验和科研经验的理性积累和归纳，有了一定的理性经验积累之后，就会在心中建构起了关于是非对错的“一杆秤”，遇到问题时就可以用这杆秤进行衡量，在理性的秤杆上哪头轻哪头重，很容易被觉察到，这就是理觉。理觉来自于经验理性的感召，是经验理性与客观理性交合的产物。经验理性储存在大脑中，形成理念、观念，但通常是沉寂的，只有遇到具体问题时才能被激活而产生理觉反应。

经验理性包括社会经验理性和科学经验理性。

社会经验理性有私理和公理之分，以自己的欲望为中心而建立的理性属于私理，只要是对自己的欲望及其满足有利的，就在理上，就在自己的理上，这是一种“己欲立而立之”的理性，是“向着自己不算偏”的理性；而以社会公共利益和公共秩序为中心而建立的理性则属于公理，只要是对社会、对他人有利的，就在理上，就在社会公认的理上，这是一种“己所不欲，勿施于人”的理性，是“人人为我，我为人人”的理性。社会公理主要表现在事理、法理、伦理上。个体不经过学习与体验，不经过社会生活的洗礼和磨练，一般是不会轻易掌握社会公理的。我认为，社会理性的最高境界应该是私理与公理兼容并济，在公与私之间找到最佳契合点，让每一个社会个体都心甘情愿地遵守社会公理，并在社会公理中受益，同时也让每一个社会个体都能在社会公理所圈定的范围内安然地满足自己的私欲，就像自由欲一样，基本的自由受到国家法律保护，放任无羁的自由也要受到国家法律的限制。

科学经验理性有真理与谬误之别。在遇到问题时，谁掌握了足够多的真理，谁就具有足够正确的理觉反应；谁缺乏足够的真理储备，谁就不具备足够正确的理觉反应。理觉既然来自于经验理性，就不可避免地要求自我要具备足够的经验、足够的学识、足够的修养，只有通过不断的学习、积累、修炼和自省，才能积累足够的理性经验，在遇到问题时才能做出正确的理觉反应。理觉反应同时也促进了自我意识中的理性发展和意能水平的提升。如果自己掌握的“理”是错误的，并用它来判断事物和处理问题，就会产生更大的谬误，这种人的理觉当然是很低下的，非但无用，而且还会贻害世人，并危及自身。

理觉敏感而精准的人，做事和处世时更容易占在理上，更容易主动地把握理性的标准，并自觉按照理性的标准行事，这样的人就是理智的人。

一个理智的人，不但具备足够的自我控制力，而且也必然具备足够的理性经验和理性智慧，这使他在遇到具体问题时始终能够做到坚持真理、坚持原则而不乱方寸。

但由于理觉是对事物机理、伦理、法理、事理、情理、道理的觉知性反应，必然要基于自我对事物之间关系的认识，而同样是基于自我对于事物之间关系的情觉认识不可避免地要与理觉认识产生交集。

所以，人的理智总是经常受到感情、情绪、心态的干扰和蒙蔽。斯宾诺莎曾说过：“炽情扰乱了我们的心，蒙蔽住我们对于整体的理智见解。”这就是说，理性的东西必须克服情性的干扰，才能保持自身的纯洁性、自在性、中立性与合法性，一个人只有摆脱感情的或情绪的纠缠或影响，才能保持足够的理智性清醒。

理性认识是人类认识的延展性表现形式，也是人类认识发展的高级阶段。它可以使人为着特定的目的而借助抽象思维，在概括、统贯和整理大量感性材料的基础上，经过概念、判断、分析、综合、比较、推理、计算等逻辑过程而达到对于事物的本质、联系和规律的认识。从而实现对感性事物的去粗取精、去伪存真、由此及彼、由表及里的整合与改造，为抵达主体设定的最终目标而服务。

理性认识以抽象性、间接性、普遍性为特征，以事物的本质、规律为对象和内容。其对于事物的处理具有内在的层次性、递进性、秩序性、规则性、规律性、逻辑性、现实性和目的性。理性的过程主要是靠知觉、联想、想象、思维等认知能力实现的。

理性思维是一种有明确目的的思维方向，有充分依据的思维过程，是一种建立在证据和逻辑推理基础上的思维方式。理性思维促进了欲望主体理觉敏感度的不断提升。

理觉使主体的自我意识获得了理性的强化与自信，并推动主体的欲望向着更高的层次不断发展。当一个人处于理性阶段的自我意识中，基于既有的理觉反应，必然产生与这一反应层次相应的理性欲望。

我们把欲望主体基于自我与其他人、事、物之间的理觉反应和理性认识，而对于隐藏在这些事物现象和关系之中的本质性和理义性匮欠所做出的应答反应，称之为理性欲望。

换句话说，理性欲望就是由理性认识产生的对于理义性结论和理想性目标的期待性反应。理性欲望是人类高级认知能力必然推动和激发的欲望层次。

理性欲望产生的能量、能力、功能或效能，简称思能，从大处着眼则属于意能范畴，主要体现为思考的力量，理性的力量，逻辑的力量。具体可表现为个体自我对事物现象及其规律的判断能力、推理能力、分析能力、预测能力、决策能力或创造能力等。

二、理性欲望与规则意识

理性欲望基于复杂的社会矛盾关系的困扰和束缚，既要为“己之所欲”设定标准和制定规则，也要为“己所不欲”设定标准和制定规则，从而使各种各样的关系皆“为我所用”，并达成合意，因为“我”是各种关系的主体和中心，也是各种关系的出发点和归宿点。

理性欲望的目的是使人回归于赤裸裸的现实，让自我具备对万事万物的控制能力。

如果说此前在情性欲望阶段，自我意识已经从完全的生物个体意义上的“自我”过渡到联系意义上的“自我”上来了，那么理性欲望则是从联系意义上的“自我”过渡到规则意义上的“自我”上来了。

情性欲望反映的侧重点是我想做什么、我愿意做什么和不愿意做什么的问题，对愿意做的，做成了便欢喜，做不成便苦闷，遇到逆境和阻挠便纠结，便恼怒，便怨恨，便消极，便悲观，遇到顺境和帮助便快活、便兴奋、便感激、便积极、便乐观；对不愿意做的，谁逼着我做便气愤，便对立，便反抗。

而理性欲望反映的侧重点是我能做什么和不能做什么的问题，可以做的、能够做的、应该做的、必须做的和不可以做的、不能够做的、不应该做的、可做可不做的，以及应该怎么做和不应该怎么做，等等。对这些问题都能了然于胸，有先后主次，有轻重缓急，有原则，有标准，有程序，有步骤，有规范，有制约，有规律，有逻辑。

正是基于一种对规则的理性思考和认识，基于对“他者”及其联系或关系的把握和理顺，才使人的理性欲望上升到了对于应对和处置各种关系的秩序、程序、制度等规则性期待与追求。

“己欲立而立人，己欲达而达人”“己所不欲，勿施于人”的以尊重自我与尊重他者并立的平等价值标准和伦理规范为根本的理性规则意识在此期已经开始产生，这是人类社会一切理性规则产生的源泉。

人类一切活动都或多或少要受到非理性的掣肘和搅扰，为了摆脱这种掣肘和搅扰，寻求理性和走向理性则是人类的必然趋势。用理性主导的世界才是有秩序、有生机、有效率的世界，才是人人为我、我为人人的互敬互爱、互让互谅、互争互合的世界，否则，这个世界便无法生存，无法发展，无法进步，无法实现人类的文明。

理性认识和理性欲望也在处处指导着人们的日常生活，甚至包括社会关系。

人们通过自己养育子女之艰辛的理性认识而产生进一步表达孝顺父母双亲的欲望，所谓“不养儿不知父母恩”，在养育子女的过程中，通过处理与子女的关系而联想到当年父母处理与自己的关系，从而反向地促动自己产生了对父母应该给予良好报答的情性欲望。这是一个对各种相关信息进行分析、抽象、综合、概括的理性认识过程和基于这种认识之后的理想目标反映。

生活中我们经常发现，一个不知节俭的浪荡公子在结婚生子之后，往往会发生一系列根本性的改变，由不节俭而变得节俭，由懒惰而变得勤快，由不爱生活而变得热爱生活，这些大多都是在自己对妻儿的情性欲望驱动下而产生的理性责任认识而做出的矫正和改变。

没有理性智能，没有理性思维，没有理觉反应，便不可能产生理性欲望和理性意志，便不可能产生追求真理、设定规则、遵循秩序的理性欲望和理性意志。

因此，理性欲望也是人类欲望发展的高级阶段。很多本性欲望、感性欲望、知性欲望和情性欲望在理性欲望的冲击下也都会在不同程度上被反向地回填了理性的内容，比如一个男人对某一女子丰乳肥臀的性感的感性欲望可能会带来一时的本性欲望的性冲动，按照这一欲望的驱力可能会犯性骚扰或强奸等低级错误，但经过理性欲望的冲击和砥砺，他可能会调整和控制好自己的心理和行为，而尽可能施以恰当规矩的追求手段。

这就是说包括本性欲望、感性欲望等在内的各种欲望经过理性认识的冲击和砥砺之后，可以上升为理性欲望。

理性欲望是按照一定规则意识而发生或发展起来的欲望形式，离开了自我对于与事物之间联系的规则、规矩和规律的认识，便谈不上理性，也更谈不上理性欲望。

理性欲望使人类不再局限于感性的简单化认知，不再局限于知性的模具化认知，而从客观现实基础上登上了一个更理想的层次，产生了标准化、规范化和远景化的向往。可以说，人类的各种理想都是理性欲望的不断延伸和升华。

第六章　慧性欲望
——人类欲望的第六层次

理性欲望继续向前发展，便进入了慧性欲望阶段。什么叫慧性？佛教谓智慧之性，也是佛教最推崇的开悟境界。慧性这个词同时还含有“聪明”“觉悟”“智慧”等高级心智的内容。

我认为，在人的理性认知层次之上，必有一种高于理性并能够驾驭和利用理性以解决实际问题的高级认识形式，这种与理性毗连的高级认识形式就是慧性。如果给慧性下一个定义的话，那么，我们应该这样来描述慧性，即慧性是指人利用已知预断未知并直接领悟事物机理、本质规律、方法要领的高级认识能力和认识过程的总和。

人们总是在既有的知性认识和理性认识基础上，为了实现某种意图而跨越后续的繁琐的理性推理过程，且机敏地领悟和直取目标性结果，这种认识能力、认识过程和认识形式即出自于慧性。

我们知道，知性带来了对已然经历过的事物和现象的经验和体验，理性带来了对于既已发生的事物及其现象的整体把握、基本遵循、合理捋顺与有效规制，是站在特定的位置而对前面既已发生过的事物给出概念和判断，同时对后面与之相关联的即将发生或可能发生的事物做出推理和预期，相当于置身于坐标的原点位置，对于负轴上的情况进行反观，给出概念、做出判断，并藉此推断和规制将要延展开来的正轴上的情况及其可能性的结果，其前后跨度是十分有限的。

而慧性则带来了对于未予发生、将要发生和可能发生的事物及其现象做出跨度更高远、超越基本轴线的预期、解悟、谋划、设计，并能够直接提供出具体而有效的解决问题的方法和途径，这是依赖理性推理而一时无法实现的认识高度和跨度，具有一定的直观性、跳跃性、灵动性、会悟性和实用性。

如果我们把人的本性、感性、知性、情性、理性阶段统称为广义的“知性”，那么，这个阶段的最大特点便是自我受到客观事物的刺激之后而引发的对于这些事物的认知和解释总是深陷于事物复杂的关系或现象的纠缠之中而不能自拔。

而到了慧性阶段，主体自我认识的主动性和能动性则实现了本质上的超越，变认知为认领，变解释为解决，即人类认识在受到客观环境中的各种问题的挑战时，不再局限于做出解释，而是超越现象直接拿出解决问题的终极答案和终极方策，并据此做出行为反应。

所以，从被动地图解问题到主动地化解问题，这就是慧性认识与前期各层次认识的根本不同之处。

一、欲望与悟觉的关系

慧性的发动基础是广义的“知性”（包括本性、感性、知性、情性、理性），慧性的发动机关是悟性。悟性来自于人类神经功能中所特有的悟觉。

那么，怎样来定义悟觉呢？我认为，悟觉是人脑在感性、知性和理性认识基础上发展而来的对隐藏在客观现象之中的深层机理、规律、症结、难点以及求解方法的直接性、灵动性和偶然性反应，是大脑通过意象链接（指欲望意义与既有表象的链接）、像象碰撞（指外在影像与内在表象的碰撞）、意念激发（指欲望意义与特定信念相互激励之后的迸发）而偶然获得的灵机乍现的瞬时性和领悟性认识能力，是超越思维之上的内省性和会意性认识层次，也是人类智慧在面对问题纠结与碰撞时迸射的灵动的火光。

人类凭借这种悟觉能力可以跨越繁琐的思维推理过程或逻辑演绎过程而直捣问题的终极答案，使复杂的、模糊的、百思不得其解的问题豁然顿开，迎刃而解。

正所谓“踏破铁鞋无觅处，得来全不费工夫”“众里寻他千百度，蓦然回首，那人却在灯火阑珊处”，一个偶然的悟觉性灵感可能会使一个重大问题、一个关键症结、一个胶着难点被轻松化解，这就是悟觉的力量。大作家的神来之笔，科学家的奇异之思，都是偶然性悟觉能力的体现。悟觉涵盖着悟性、感悟、彻悟、省悟、解悟、翻悟、领悟、会悟等所有与超越常规思维的智能活动和意识活动。人类的慧性认识离不开悟觉的参与与破茧，人类很多发明创造都是以悟觉为发动机关的慧性认识发挥作用的结果。

理性是从必然走向必然，它带来规则、秩序和成见，慧性是从偶然走向必然，它带来发明、创造和改变。慧性是在理性基础上的飞越和升华，是在理性基础上的灵动和变通。

一般而言，理性推理和慧性预断都是对未发生的事件或未知的事物发展趋势所进行的超前认识，但二者的差别也是很明显的，理性认识基于一种严谨细密的逻辑性思维，是以事物的本质规律为认识对象，是对事物的内在联系的认识，具有抽象性、间接性、普遍性。理性认识的三种形式包括：概念——对事物本质属性的概括；判断——在概念的基础上对事物的各种关系进行区分、识别；推理——由一个已知的判断推出下一个判断。

理性认识的这三种形式是认识的不断深化，具有递进性、层次性、间接性、普遍性和规律性；而慧性认识则基于一种直抵目标的耦合性思维、省悟性反映，它借助于形象思维和抽象思维所展开的双翅，凌空而起，超越理性的繁缛逻辑过程，立竿见影，直捣黄龙，直奔结果，具有明显的超前性、直观性、跳跃性、颖悟性、特殊性和针对性等特征。

同时，理性推理和慧性预断虽然都体现了对于未知事物的认识能力，但理性推理仅仅推出了超前的认识，却不能直接提供解决问题的终极方法或最佳途径，而慧性预断不仅仅体现对于未知事物的认识能力，同时还能够直接获取解决问题的具体方法和有效途径。

在人类发现问题、分析问题和解决问题的三段式认知程序中，理性推理更多地局限于认识问题和分析问题这两个阶段之中，而解决问题则更多的要依赖于超越理性层次的慧性预断能力。

因为慧性更多地代表了一种解悟和变通，没有这种解悟能力和变通能力，而仅靠知性的简单认知和预设了标准或前提的理性思辨、判断和推理，是很难应对瞬息万变的具体事物和具体问题的。

我们通常所说的人类智慧，不限于对各种事物及其发展规律的认识能力、分析能力，更包括这种具有灵动性和变通性的解决问题的慧悟能力。

这就是说，人类光感受到问题的存在（靠感性）还不够，还要在整体上更多地了解问题的特点和属性（靠知性），而光了解问题的特点和属性还不够，还要体验所面对的问题与自我或与他者之间的关系（靠情性），而光重视事物与自我之间以及事物与事物之间的关系还不够，还要知道其中的道理（靠理性），而光知道其中的道理还不够，还要拿出解决问题的最佳方法（靠慧性）才行。

这就使得人类在面对问题时，必须经历本性、感性、知性、情性、理性和慧性的全过程才能达到发现问题、了解问题、分析问题和解决问题的目的。

而在本性、感性、知性和情性阶段，人们更多地借助于形象思维能力去感知世界，到了理性阶段却更多地借助于抽象思维能力，而到了慧性阶段则将形象思维和抽象思维交叠使用，如同一双翅膀，尽可以自由高翔了。

所以，慧性认识比理性认识层次更高远，更敏锐，更实用，更直接，更便捷，更有效。

我们知道，知性认识必须依赖于感性认识，情性认识必须依赖于感性认识和知性认识，理性认识必须依赖于感性认识、知性认识和情性认识。而同样的，慧性认识则必须依赖于感性认识、知性认识、情性认识和理性认识，否则这一切就成为无水之源，无本之木。

而感性认识必须发展到知性认识，才能更全面、更完整地把握事物的整体属性；知性认识必须发展到情性认识，才能使自我真正成为认识的主体而能够感受大千世界的风云变幻，让万物皆备于我，皆利于我，让自我在万物关系中处于有利位置和中心位置；情性认识必须发展到理性认识，才能更深刻、更正确、更本质地反映客观事物和客观规律；同样的，理性认识必须发展到慧性认识，才能更灵活、更能动、更机变、更简单、更有针对性地应对和处置客观事物及其所带来的一切问题。

人类认识事物的真正目的不在于认识本身，而在于认识之后能够找到应对和处置事物的有效方法。换句话说，人类认识世界的目的，并非为认识而认识，并非认识到了之后便万事大吉，而在于能够找到应对和处置事物以便于为自身欲望服务的有效方法和途径，这才是认识的真正任务。

而要完成这个任务最终只能依靠慧性认识能力才能实现。人类认识历程就是要经过本性认识、感性认识、知性认识、情性认识而达到理性认识，最终达到顿悟而上升到慧性认识，从而把人类面对的实际问题解决好和解决掉。

慧性认识是一切现象与本质的高度概括和精粹总结，是人类精神的根本支柱，是一种形而上的发散性框架结构形式。

慧性认识有别于理性认识，它是理性认识的进一步升华，具有整体直观性和机变灵动性，是人类发明创造的智慧源泉。

慧性认识离开了本性、感性、知性、情性和理性这五个阶段的支撑，便会失去认识的基础。

如果我们把本性认识看作是自我本身，那么感性认识便是自我之外并与自我有关的他者；如果我们把感性认识比作主体身边存在的一堆柴草，那么，知性认识就是这堆柴草的数量和湿度，情性认识就是这堆柴草与自己的关系，理性认识则是这堆柴草的热量等级、燃烧效用和被点燃后将会引起的各种可能性后果，而慧性认识则是这堆柴草被点燃后出现的火苗。火苗既能放热，也能发光，可以给人们直接带来温暖和光明，最终解决了人类的实际欲望问题。

下面我们再通过“一枝一叶”来区分一下这几种认识的不同：

“一枝一叶着新绿”，这是感性认识。

“一枝一叶知春到”，这是知性认识。

“一枝一叶总关情”，这是情性认识。

“一枝一叶结缔生”，这是理性认识。

“一枝一叶一世界”，这是慧性认识。

很显然地，人类认识发展到慧性阶段，也必然产生与其认识层次相当的欲望形式，这就是慧性欲望。

我们把主体自我为了应对和处置所面对的各种疑难问题，依靠悟觉而产生的慧悟性应答反应，称之为慧性欲望。

慧性欲望产生的能量、能力、功能或效能，简称慧能，从大处着眼则属于意能范畴。一般可以被理解为个体自我对事物的领悟能力、反思能力、处置能力、应对能力、创新能力、预断能力等。

慧性欲望是主体为完成特定任务或解决特定问题而寻求、变通和提供简便方法和最佳途径的应对性欲望。所以，这个欲望形式也是方法性欲望形式或任务性欲望形式。在这个欲望驱动下可以激活主体认识的能动性和主动性，促使思维进入一种积极的、有针对性的自觉性思索运转状态，最终目的是为完成某项任务和解决实际问题而找到机动灵活、趋利避害的应对手段、方法、方式、措施、步骤、程序。

比如，一个人深受社会某种制度的束缚和掣肘，充分认识到这种制度的不合理性以及改变这一制度的必要性，但是如何改变这个旧制度，却需要借助一定的手段、方法和策略，而主体对于这种手段、方法和策略的寻求与探索，在更多的时候会超越一板一眼的理性欲望层次，而上升到一种更高级的欲望形式，这便是慧性欲望。

人们为了实现一定的欲望目标而产生的各种创造和发明，基本上都要借助于某种特殊的灵感来实现。灵感的东西只有转换角度、改变观念、跳出常规、超越理性的范畴才能获得，这就是慧性的特殊功用。

牛顿发现万有引力定律，法拉第发明电动机和发电机，爱迪生发明电灯、电影、电话机，以及人类发明热气球、飞机、火箭、宇宙飞船等各式各样的载人航天器，等等，所借助的都是具有足够灵感含量的慧性认识，并总是在某个特定的突破口上超越了逻辑推理的理性常规。

人类看见飞鸟很容易产生飞天的梦想，这是感性欲望使然，而将这一梦想转化为现实，既要靠理性欲望的推演，也要靠慧性欲望的驱动。人类基于对放射性元素特性的理性认识而产生研究和发明原子弹的欲望，但要将原子弹制造出来还需要具体而有效的方法，对这种方法的寻求和摸索则离不开慧性欲望的驱动。

二、慧性欲望是对理性规则的反观与超越

这就是说，理性的力量是有限的，理性只能在一定范围和一定程度上实现对旧有事物本质的揭示、规制和捋顺，以及对未知事物的有限推

理和预期，只有慧性的力量才能实现认识的大跨度突破、超越和升华。所以，我们说，凡是对于以前未曾经验过的发明、创举、预言，最终都要经由慧性欲望驱动而成。

慧性在康德那里被称为智性。并提出了“智性直观”的概念，但他对于智性的理解更多地指向在“知性”的基础上而产生的认识，即在经验范围内对已有直观进行连结的官能。他认为，“智性的”就是指通过知性得来的认识。

而在我的欲望动力心理学理论中，慧性在一定程度上表现为智性，但已远远高于知性。慧性主要指认识主体在感性、知性、情性、理性基础上产生的更高层次的具有综合性和慧悟性的认识。慧性不但包含着本性、感性、知性、情性、理性以及智性的全部内容，也包含着悟性的内容。悟性在人类认识发展过程中所起到的作用是至关重要的。

能够点燃人类慧性的火花便是悟性，在康德看来，超出经验范围而无法为直观所及的本体便是“悟性”。

慧性与悟性在这里好像没有了严格的区分，但我认为，慧性的基础是本性、感性、知性、情性、理性，而真正获得慧性还需要最后一次超观念、超理念、超经验的点燃和淬火，这便是悟性。正所谓“万事俱备，只欠东风”，也就是在基础性的东西都具备之后，只有“悟性”的东风吹来才能将慧性的认识激活和催醒。

这就是说，慧性代表了一个认识层次，而悟性则代表了一个认识机关、认识环节和认识点位。

有的人慧性高，但其悟性可能不足，有的人悟性高，但其慧性未必很高。慧性高的人，考虑问题一般会很全面，很严谨，很前瞻，但悟性高的人未必能够做得到；悟性高的人点子多，心眼活，料事常出奇招，行事多有异举，但慧性高的人也自然能够做得到。

慧性认识具有全面统筹、高屋建瓴、高瞻远瞩、洞幽烛微、把握未来的作用，而悟性则是在慧性的统领范围之内起到破解难题、攻克症结、出奇制胜的作用。如果慧性是一包炸药，那么，悟性就是引爆这包炸药的引信；如果慧性是一台机器，那么悟性就是启动这台机器成功运转的按钮。

所以，从更严格的意义上说，慧性是人类感性、知性、情性、理性、悟性的高度融汇与统合，是人类能动地认识世界、改造世界和观照自我的全部神经官能的集中反映和综合使用。而悟性则不走常规，不循惯例，不拘常理，它是人类智慧中的一座活火山，一旦喷发，便会惊动天地。

根据以上所阐述的本性、感性、知性、情性、理性、慧性这六种认知功能，可以划分出六重人生境界。

“我贮立在宇宙的星空之下”，是本性境界。

“看见天上有星星，有月亮”，是感性境界。

“天上有很多星星，月亮只有一个”，是知性境界。

“星星还是那个星星，月亮还是那个月亮”，是情性境界。

“星星是运动和变化的，月亮也是运动和变化的”，是理性境界。

“星星不是那颗星星，月亮不是那个月亮”，是慧性境界。

由此可见，第一重境界是因我而明，第二重境界是因感而明，第三重境界是因知而明，第四重境界是因情而明，第五重境界是因理而明，第六重境界是因慧而明。人生必经历这六重境界之后，眼界才得以开阔，胸怀才得以豁达，生命才得以丰富。一样的结果包含着不一样的过程，此中过程或许便是禅宗所言之修炼。

人类认识自本性出发，经历了感性、知性、情性、理性、慧性共六个阶段。感性实现了对本性的一次跳跃或超越，知性实现了对感性的一次跳跃或超越，情性实现了对知性的一次跳跃或超越，理性实现了对情性的一次跳跃或超越，慧性实现了对理性的一次跳跃或超越。

经过这样一次次跳跃或超越，越是往上发展便越是感到虚无缥缈，神奇精微，人类的认识层次既是由低级而高级地递升上来的，也是由实在而虚在地发展过来的。

人类的欲望层次与之同步共轭，也同样是由低级而高级、由实在而虚在地递升和发展上来的。只有在较低层次的欲望得到基本满足之后，较高层次的欲望才会有条件地产生出来和递升上来，而且越是高层次的欲望越能够统摄低层次的欲望。

欲望层次的上升不但体现了一种自我认识的发展轨迹，而且也体现了一种自我进化的逻辑模型，因为越是高层次的欲望越接近人性，越接近人性的本质。

第七章　神性欲望
——人类欲望的第七层次

有道是人是万物之灵长。人类的智慧在本性阶段、感性阶段是一种类似于动物的本能反应。自知性阶段、情性阶段、理性阶段和慧性阶段开始更大程度上区别于动物而朝着人类特有的属性发展起来了。而理性欲望层次和慧性欲望层次则是动物们难以企及的高度，也是动物们无法突破的欲望瓶颈和认知瓶颈，这是动物们只能屈居于情性欲望以下层次并始终无法获得智慧开化的根本原因。

人类除了具有足够的神经智能和大脑意能之外，还能通过理性推理和慧性预断而攀升到更高层次的欲望层次之中。从慧性欲望层次出发，继续向上攀援，人类的欲望就放飞到了神性欲望层次上来了。

我这里所说的神性主要是指人类精神层面的东西，一方面，人类精神层面包括超越人性之上的精神，彻底荡涤了人性中属于兽性的那一部分内容之后，而达到的纯粹状态和终极状态。在这种状态中，人已经开始脱离狭隘的自我的拘囿，而凌空高蹈地踏入神性的领地。

这时的人也就成了神，自由而不受拘束，忘我而不计得失，超然而不恋红尘，这时的神性是终极的感悟，高超的境界，圣洁的灵魂。

另一方面，人类精神世界也是个体自我的精神世界，未经深层次的修炼和陶冶，内中或许依然杂草丛生，甚至也充斥着一些原始的荒诞，只有经过长期刻苦的修炼，才能达到圣洁而美妙的精神境界。

说穿了，人类之所以在自己的能力范围之外创造了神，实在是出于一种无能为力的考虑。

沿着欲望层次，经历千难万苦，一路赶来，终于上升到了慧性欲望层次上，本以为这样就可以按照自己的意志灵动地、自主地支配这个世界，有效地解决现实问题，但到头来却发现眼前的一切仍然不遂人愿，作为欲望主体的自我仍然感到自己并不能自由地支配这人间百态，不能自由地控制这世间万象，这就促使人不得不进行深刻的自我反思。

可惜的是，不思倒还明白，越思反而越糊涂了，越思越不得其解了。于是，为了从这个思维怪圈中突破开去，厮杀出来，一种主宰宇宙万物和控制人间万象的神奇力量便被寄托出来了，便被感应出来了，便被想象出来了，便被创造出来了，这便是神！超自然、超现实、超智能、超意能的神！仿佛有了神的力量，作为欲望主体的自我就可以翻云覆雨，旋转乾坤，指点江山，挥斥方遒了！

这是多么美好的人生境界和自我境界！置身于这个境界，可以不受任何自然力的拘囿和威胁，不受任何社会力的限制和捆缚，不但可以按照自己的意愿、道理、观念、信仰行事，而且还可以支配、调度、驾驭和控制宇宙中的一切和人事中的一切。

这个境界谁人不向往？谁人不追求？于是，神性欲望自兹而生。

一、欲望与灵觉的关系

神性出自于哪里？我认为神性出自于人类所特有的灵觉。何为灵觉？灵觉最早属于佛门术语，佛经曰："观灵觉即菩提。"肇论曰："万累都尽而灵觉独存。"

佛学中的灵觉是一种至真至纯的佛性，是佛之觉性的最高境界。

灵觉概念在心理学或认知神经科学中未曾出现过，我在这里将赋予灵觉以新的内涵。在人类整个认识过程中，主体的神经反应能力和自我意识能力是一环套一环、一层叠一层地走过来的，从最初的感觉发展到后期的悟觉，使人类的智能水平获得了巨大的飞跃，但至此并没有终止。

在悟觉之上，还有一种觉性认知也是真实地存在着，这就是灵觉。

灵觉是对前期觉性认知过程和认知结果的反向观照后的产物，是对自我感觉、知觉、情觉、理觉、悟觉等一切觉性“回头一瞥”之后而产生的一种新的认知形式。如果把主体对事物的感觉、知觉、情觉、理觉、悟觉比作神经电发出的一束束感应性光线的话，那么，灵觉便是这些光线聚焦并碰撞后而映现于自我意识天空中的奇妙的闪电。

灵觉代表了一种灵气，一种灵感，一种超经验的认知。换句话说，灵觉是基于各种觉性认知而产生的灵活的幻化能力、灵动的演绎能力、神奇的遥感能力和神秘的预见能力。

灵觉比悟觉更虚幻而飘渺、颖慧而机敏、扑朔而迷离。它与悟觉不同，悟觉通常总是针对某一个特定的事件乍然而生，从而发现或领悟事件中的机理、奥妙、规律或内幕；灵觉则能够超越具体事件，而仅仅针对某一种现象便产生了对事物变化的直觉性预见和虚幻性感知。

这种预见能力和感知能力并非直接来自于感觉、知觉、情觉、理觉或悟觉，而是来自于对这一切觉性体验的反向观照和意会。

所以，灵觉即是对认识的认识、对智能的智能。人类正是依靠灵觉而获得了自我反思能力、反省能力、修正能力、机动灵活的变通能力和异想天开的创造能力。

人类依靠灵觉可以反观自我，幻化未知。悟觉和灵觉都是针对某些令人纠结的欲望问题而展开的智能活动和意识活动。

悟觉大多局限于对一事一理、一情一义的解悟，通常更多地体现在意能遇挫后偶然获得的理性启示和理性结论上，与理觉反应具有时空的连续性和延展性，而灵觉则不局限于对一事一理、一情一义的认知，而是远远超越具体事物之上，仅凭一事一理、一情一义的启示便凌空而起，不需理性的推导，不需悟性的拔高，直接幻化出眼前不可见、不可摸、不可理喻的另一种眼前不存在的现象和不存在的事物，是一种不闻而知、不见而识的特殊感应性认知能力。

所以灵觉更多地体现在智能的灵动性、灵活性、灵敏性、机灵性、幻化性、会意性上。如果说悟觉是对理性缺漏的补充或弥合，那么灵觉则超越理性和悟性而直接幻化出一种奇迹，一种异象，一种未知。

没有灵觉的人便不会产生灵性，而没有灵性的人，其慧性便是愚钝而未开化的慧性。悟觉让人感知到了可能存在的事物及其机理，而灵觉则可以让人感知到不可能存在的事物及其机理。

所以，悟觉所产生的创造性仅仅比其所具有的理性能力向前跨越了一步或两三步，而灵觉所产生的创造性则比其所具有的悟性能力向前跨越了很多步，尽管这种跨越有时是异想天开，甚至是不可能实现的，但正是这种跨越，才带动了人类文明的发展不断迎来更新的挑战，呈现出了一种永无止境、永难企及的惊人高度。

灵觉超越五官，超越感觉、知觉、情觉、理觉、悟觉，也可以被认为是一种超感觉力。我们通常所说的第六感觉、直觉、预感等等，都是在灵觉作用下而产生的特异功能。

灵觉是神经系统觉性智能综合作用的心灵感应能力，具有灵活、灵动、灵敏、甚至有时竟是十分灵验的效能。下面我借用如下针对第六感觉的网上现成资料来描述一下灵觉的特异性表现。我们每个人都曾借助灵觉而感受过如下这样一些情景：

① 曾经做过的梦境在现实中果然发生了；

② 到一个从未去过的新地方，却发现非常熟悉那里的景物或人事；

③ 在别人尚未开口时，已知道他将会说什么；

④ 常有正确的预感；

⑤ 身体有时会有莫名其妙的感觉，如蚁爬感，短暂的刺痛感；

⑥ 能预知电话铃响；

⑦ 预见会碰到某人，果然如此；

⑧ 在灾祸到来之前有不适的生理反应，如窒息感、乏力、郁闷等；

⑨ 常做色彩缤纷的梦；

⑩ 偶尔听见无法解释的声音。

如果你有 3 个肯定性的回答，就说明你已经感受过灵觉的存在；有 5 个或 7 个以上肯定性的回答，就说明你的灵觉比较活跃；有 7 ~ 10 个，则说明你的灵觉非常敏感了。

我们每个人几乎都从不同渠道获取过各种各样关于灵觉的报道。据载在美国斯坦福研究所受测验的 ESP 人斯万（当时 43 岁），能透视世界各地，准确度为 90%，他用透视力画出美国在印度洋迪戈加西亚岛上的秘密基地，竟比侦察卫星拍摄的照片还准确。他还正确无误地判断出了美国国内奈基导弹基地的位置，使军方目瞪口呆。

瑞士一个经营婴儿车工厂的女老板克罗其尔德 · 纳基琳夫人经常利用自己的特异功能协助警方破案。有一个聋哑少年阿尔别尔 · 巴琳（14 岁）失踪了，女老板在地图上指着一处警察已经搜索过的地方说："孩子一定在这里。"搜索队再次出动，终于在那里发现了被岩石挟住腿不能动弹的少年。有一对年轻夫妇的钱被偷了，盗贼把钱藏在地下室的锅炉里，也被她透视出来了。她说她的右手似乎能起到天线的作用，而她好像能感受到某种特殊的波。

灵觉是人脑对于未知事物、未知情境的一种特殊感觉。科学家曾经做过一个实验，将有血缘关系的人同时放在不同的黑暗房间，如父母，兄弟，姐妹，双胞胎，结果发现他们都有同样的莫名的恐惧感，并会为对方担心。

所以科学家猜测所谓的第六感觉、预感是一种类似脑电波性的感应，可以不受距离的限制而传播。另外从历史的角度看，很多政治家都有做梦预测胜败凶吉的说法，也有很多人在地震、车祸等大灾难来临之前有过不安的感觉。这是什么东西在显灵吗？不是，而是一种确乎存在的灵觉在发生特殊作用的结果。

如今，有关这些神奇的特异功能的报道与日俱增，真伪莫辨。对这种特异功能的认识就像人们对 UFO 或外星人的认识一样，有人信其有，有人将信将疑，但很少有人持完全否定的见解。

当然，我在欲望动力心理学中所提出的灵觉概念，并非指特异功能本身。特异功能仅仅是灵觉反应的一种特殊效验。灵觉作为一种超感知力，也决定了灵觉很难依靠常规认知能力即可洞明就里。

有人说，生命是一种有灵性的反物质性结构。所有的物质都不是生命，而是生命的载体，就像一个人，他戴的手表，开的汽车，住的房子，穿的衣服都不是他自己，而是他这个人的承载物、附加物，我们要认识他，不能从他的承载物或附加物上去认识。

再进一步，我们也不能从他的年龄、相貌、形体、健康状况等征象上去认识他，因为这些东西只是生命载体的一种物质结构。

而人的感觉就是这样一种东西，它不是有形的肉体本身，而是一种无形的精神感应。

而灵觉呢，更是觉性之上的觉性，认知之上的认知，它不像其他觉性智能是从有形的神经中衍射出来的无形的东西，它是一种从无形的觉性智能中幻化出来的另一种无形的东西，这个无形的东西就是我们通常所说的心灵或灵魂了。

所以，我认为，灵觉虽然不是直接寄身于有形的物质结构之中，但却凌驾于有形的物质结构所发挥的功能之上，并通过这种功能而显示其存在性。一旦这种有形的物质结构塌了方或散了架，那么无形的灵觉便失去了物质基本功能的依托，主体自我便无法感知到灵觉的作用及其存在了。

有人做过这样一个比喻，说他从美国向远隔万里的太平洋对岸的中国大陆一家公司发一封传真文件，对方接收到的传真跟他的原文件一模一样，而他传完之后却把原文件扔进了垃圾筒里了，他说："我为什么把传真原件扔掉了呢？因为它已经完成了使命，它的信息（灵魂）已经到达了大洋对岸的中国公司。"

信息可以通过光电变成电波信号，并通过电缆到达通讯站，通讯站再通过发射台把这个信号传输给通讯卫星，然后再由另一个通讯接收机来接收并再度通过电缆送达给中国的这家公司。这跟人一样，灵魂和人体是两码事，人体电可以将灵魂传输给大脑，再通过大脑传输给其他人、事、物，但人体、人体电和大脑本身并不是灵魂，灵魂是一种真实的意义性存在，而灵觉就是对灵魂所进行的光电感应。

灵觉产生灵性，灵觉和灵性的概念具有宽狭之分，广义的灵觉和灵性泛指一切生命体所具有的反应性特征，其内涵远远超过了心理学范畴。从这个意义上说，灵性是一切生命的本质属性。

有人说，生命的本质是无形的，无人能说出生命有什么形态、颜色和重量。当我们说人是生命，狗是生命，草木是生命，昆虫是生命，细菌是生命的时候，我们只是在谈论生命的表现形式，而不是谈论生命的本质。

生命的表现形式是千奇百怪、五花八门、多姿多彩的，而生命的本质却是一致的，都具有符合自身生理特征的灵性。

这就是说，生命是有灵性的，无灵性的生命是不存在的。一个人，他"活"着的时候，他的肉体表现出了能动的灵性，能与他人说话交流，能吃能喝，眼睛能忽闪，但当他"死"了，他的肉体结构塌方了，并因此失去了光电感应能力，也因此而失去了灵觉，失去了灵性，一旦失去了灵觉和灵性，我们就不能再说他的尸体是一个人了。

狭义的灵觉和灵性就是我在欲望动力心理学中给出的定义，它是人类认识过程的至高层次，或者说是人类认识链条上的最后一个环节，是对自我所产生的各种认识的反观性、反射性反应，也是人类心灵、灵魂的终极存在形式。

人类可以在已知事物、已知表象和已知联系的基础上，通过感觉、知觉、情觉、理觉和悟觉的认知铺垫，而实现灵觉的反观、幻化与整合，从而构建一种完全符合自己意愿的全新的、不存在的事物、不存在的联系、不存在的模式、机理或规则。

灵觉通过对自我的闪避和游离而达成对自我的反观视角，并脱开自我意识的闭合性制约，产生了超越自我、推陈出新、见异思迁、穿越时空、异想天开的能力。这种能力当然也是基于既有表象和既有信息而展开的。

所以，灵觉多以想象为领头雁，带领其他诸如感觉、注意、记忆、知觉、表象、联想、情觉、思维、理觉、理念、悟觉、智略等认知形式朝着主体所期待的目标发功施力，在自我意识统贯的天空中展翅飞翔。

灵觉可以突破理性的逻辑性掣肘，超越悟性的偶发性局限，使人不断幻化出新的角度去看待事物，从而起到开拓思路，激发创造性思维的作用；灵觉可以使人利用眼前有限的信息线索，重新组织已贮存的影像，产生新的形象，以便突破既有事物的束缚，走向标新立异、改天换地的全新旅程。

例如，发明家通过已知事物及现象的思考与研究，借助灵觉，寻求新的突破，增加以前没有的功能，从而发明新的产品。灵觉中出现的这种新产品和新功能能否被设计成功，关键取决于思维的推断与想象的新产品及其新功能是否在规律上相契合，是否与现实相符，这就是说，灵觉的突破最后要以感觉、知觉、情觉、理觉来检验。

灵觉中的想象力是人类创造能力的来源。严格地说，想象是思维的产物，与思维一样都属于高级智能过程，是一种特殊的思维形式，是人在头脑里对已储存的影像进行加工改造形成新形象的心理过程。它能突破时间、空间与既有规则和成见的束缚，能够将自我意识高度升华，飞离眼前现实，将思维带入一个未知的领地，通过对既有经验中已经形成的一些暂时联系进行新的加工与整合，从而变现出新的形式、新的形象和新的功能。

灵觉中的想象力不但能起到对自我意识的调节作用，还能起到预见未来的作用。灵觉中的想象可以分为无意想象和有意想象。无意想象是指事先没有预定目的的想象；有意想象是指事先有预定目的的想象。

不管是无意想象还是有意想象，都可以在灵觉的辐射之下产生新的意象、新的认知，尽管这种新意象和新认知有时是一种可兑现的理想，有时仅仅是一种空想或幻想，但这并不妨碍主体借助灵觉中的想象而产生新的欲望。

我们把主体凭借灵觉等高级认知形式而产生的针对某种匮欠或针对某种目标所做出的虚拟性、幻化性、神往性的应答反应，称之为神性欲望。

我坚信，一个人如果永远活着就会真的变成一个神！神的概念源于人的力量局限而对超人力的寄托和仰望。

灵觉产生了灵性，灵性的延伸和拓展便是神性。神性的东西，不管是宗教意义的神性，还是科学意义的灵性，都是人所向往的超越现实既有状态的境界，这种超凡脱俗的虚幻的境界只有借助灵觉才能抵达。灵觉相当于人由人境而抵达神境的使者，是主体对自身能力和功力的一种神魂脱壳性的超越，也是自我意识所追求的至高目标和完美境界。

神性欲望蕴藉着现实暂且没有或无力获得的生命寄托，指望通过这一寄托达到满足现实匮欠的目的。

但不同的人以其不同的修炼和历练程度，所达到的精神境界在程度上和层次上也是有所不同的。神性欲望的产生基于两个现有的观念，一个是自我生理或自我能力匮乏的观念，一个是用来弥补匮乏但在眼下却无法得到填充的观念，二者正反互补，在心灵里联合起来，此时第三个观念即二者和合的神性欲望就形成了。

激发神性欲望得以产生的灵觉同时也是人类主观信息功能的特殊反应，从我绘制的人类精神形成图（见《欲望与精神心理学》）上看，物质层产生的客观信息，最后必然要通过智能反应而转化为人的主观信息，并迅速转化为主体意能。

这个主观信息可以解读为信息的信息，即由客观信息转化成的主观信息。这个主观信息是智能对于客观事物的第一层次（亦即初次）的反映所获得的信息，这个信息还没有真正转化到欲望层次上。

在这个阶段，人类的自我仅仅表现为信息的自我。信息的自我体现为人作为一个生命体的信息性存在。

个体感官所映射出来的客观信息不但会经由大脑的加工和筛选而转化为主观信息，而且后面的客观信息还会影响和干扰前面业已形成的主观信息，同时，主观信息还具有反作用，影响和干扰后面客观信息的常规化流动和传输。

就拿人体疾病来说，生理性疾病（不利的客观信息或由不利的客观信息引起的新的客观信息）有时会转化为心理性疾病（不利的主观信息或由不利的主观信息引起的新的主观信息），而心理性疾病有时也会转化为生理性疾病。

赛斯也曾说过："生理病症是来自内在自我的信息，这表明我们正在犯这种或那种心理错误。"当人体受到不好的客观信息（比如细菌或病毒）侵害和冲击的时候，就会直接造成人体内部生理性客观信息的变异，从而使人体进入不正常的疾病状态，而生理疾病状态的客观信息转换成主观信息，就会影响和干扰人的心理活动秩序和活动状态，甚至引起心理病态反应。而心理病态反应的主观信息又会干扰生理性客观信息的正常流动和传输，从而导致生理系统发生更大或更多的疾病。

要知道，主观信息直接演绎为我们的意识、思维、心理活动，不正常的意识、思维、心理活动，会导致我们的肉体生理随之出现功能紊乱和失调，这就是说，人类自我存在着一个特定的信息层次，在这个层次中，各种信息直接影响和干扰着自我存在状态。

欲望是大脑根据自己所捕捉的主观信息而做出的第二层次的反应，即基于主观信息之后的反应，相当于对反应过的信息再次做出的反应。

比如主体在获得了匮欠的信息或目标物的信息（第一层次的反应）之后，又对匮欠的信息做出“不要（匮欠）”或“想要（目标）”的第二层次的反应，这个第二层次的反应便是欲望了。所以，欲望是大脑反应的反应。这个作为“反应的反应”的欲望就是我们通常所说的意念，亦即主体有了某种“想法”了。

接下来，大脑为了打理好欲望事件，围绕欲望事件继续做出相应的反应，这就在欲望之上又出现了新的第三层次的反应。

这第三层次的反应便是精神反应（这个精神反应包含着高级意识内容，而不包含意识的低级活动内容，如意识的觉察性内容）。

所以，精神是欲望的欲望，即欲望产生之后，大脑回头再对欲望进行反观而得到的与欲望有关的新的意识、观念、意志、思想、信仰和境界，这就是人类的精神。欲望本身不包含精神，但大脑第三次对于欲望反观之后做出的反应方才产生了精神。

二、人类欲望层次与社会层次的演绎关系

我们在此可以再重新归纳一下：

大脑的第一层次反应是对客观信息做出的直接反应，反应的结果是物质的影像，因此客观信息是物质的影像。

大脑的第二层次反应是对形成影像或表象的客观信息进行自动加工、整合和消化，形成主观信息内容，因此主观信息即是信息的信息（或者

叫影像的影像)。

大脑的第三层次反应是对主观信息的反应，反应的结果是欲望内容，因此，欲望是反应的反应。

大脑的第四层次反应是对欲望的反应，反应的结果是精神内容，因此精神是欲望的欲望。

大脑的第五层次反应是对精神的反应，反应的结果是灵魂，因此灵魂是精神的精神，也是人类的终极精神内容。

所谓欲望的欲望，前一个欲望是大脑意能围绕主观信息（匮欠和目标）做出的应答性反应，是将主观信息转变为欲望的过程；后一个欲望是大脑意能围绕前一个欲望而做出的更高一层次的连续性反应，是将前一个欲望转变为主观精神的过程。

将主观信息变为欲望这是第一层次的欲望，接着，大脑开始对这个第一层次的欲望负起责任，为这个第一层次的欲望进行意志性打理和安排，从而围绕这个第一层次的欲望施加新的联想、思考、谋划和运筹等，这个过程便产生了第二层次的欲望，即精神活动，这便是欲望的欲望。

依据以上所分析的关于自我的不同结构方式和人类智能的不同发展阶段，人类社会必然要经历如下五个时代。

一是机械时代。这个时代持续时间最长，从人类学会使用工具那一刻开始，经历了数百万年漫长的发展过程，从旧石器时代、中石器时代、新石器时代、青铜时代、铁器时代、钢铁时代、高分子材料时代、复合材料时代等等，直到汽车、飞机、火车、挖掘机等高级机械被创造出来，都属于机械时代。

这个时代的出现与人类自我的物质性存在方式相适应，即作为物质性自我的特定存在，其本身就具有机械性，其面对世界所做出的反应也具有机械性，其利用世界、改造世界以满足自我的手段也离不开机械。

二是信息时代。这个时代的出现与人类自我的信息性存在方式相适应，信息的自我既包括客观信息的自我，也包括主观信息的自我，而信息时代的到来则主要源自于人类所特有的“主观信息的自我”的存在形式。

这是从电的发明开始的时代，借助电类装置传导信息，使人类神经系统成为各种信息的中转站和加工场，物理电与生物电实现了简单的对接与感应，特别是电话、互联网的出现则是这个时代的主要标志，人类开始利用丰富的信息来认识世界和改造世界，其功能远远超越了机械时代的简单、落后、缓慢和笨重。

三是意念时代。这个时代的出现与人类自我的欲望性存在方式相适应，其标志是信息转化为欲望（意念），亦即在主体对主观信息的反应再度做出反应，产生“反应的反应”之后所驱动的时代。这样，主体将要按照自己的欲望（意念）来支配世界、支配世界上的一切机械、一切信息，从而达到满足自己欲望的目的。

这个时代其实还没有真正到来，科学家的思维能力到目前为止还没有超越信息时代的桎梏，还仅仅局限于将大量的客观信息转换成主观信息、并将合成的主观信息再度转换为客观信息的过程当中，如搜集客观信息转换为主观信息之后画出图纸，再制造成更高级的机械或工具，从而对自我的物质性存在给予更好的照顾和打理，其实质还未能摆脱信息的拘囿。

意念时代应该是一个“为所欲为”的时代，一个“如愿以偿”的时代，一切都应该按照自己的欲望呈现和展开。即便电脑或机器人也无过乎信息时代的特定产物，是一个通过电传导方式处理信息的特殊装置，但它只能对某种信息做出反应，却不能对自己的反应再度做出反应，尚不能产生“反应的反应”，不能产生欲望（亦即不能产生意念）。

只有让电脑或机器人能够产生“反应的反应”，产生欲望，才标志着意念时代的真正到来。不过，这项工作其实也已经开始了，比如科学家给断臂者安装假肢，试图让假肢不借助任何外力而仅仅依靠神经反应来完成特定的欲望动作，这里面就蕴含着“反应的反应”的内容，即假肢对主体神经反应再度做出反应。

四是精神时代。这个时代与人类自我的精神性存在方式相适应，为精神而活将成为人类的最高追求。科学家还远远没有拿到开启这个时代的金钥匙，人类还需要等待好多年才能从“信息的信息”时代和“反应的反应”时代走出来，进而跨入“欲望的欲望”时代。

我在这里揭示了人类精神内容中所蕴含的精密的物理学原理，根据这个原理，我相信科学家们一定会找到更明确、更便捷的通往精神时代的线路图。

五是灵魂时代。这是一个精神虚拟的时代，也是人类拖着肉身而无法进入的时代，更是人类现世不能享受到的天国的时代。

下面我们依照以上的分析而对主观信息、主观欲望、主观精神和灵魂等概念重新做出界定和引申，即主观信息是信息的信息。前一个信息指的是客观信息，后一个信息指的是主观信息，是主体在信息层面上经历了大脑两次发挥作用的过程实现的；主观欲望则是反应的反应，是主体在反应层面上经历了大脑两次发挥连续作用的过程实现的；主观精神是欲望的欲望，是主体在欲望层面上经历了大脑两次发挥连续作用的过程实现的；而灵魂则是精神的精神，是主体在精神层面上经历了大脑两次发挥连续作用的过程实现的。

这说明人类精神世界在欲望的推动下，始终处于一种超维度的循环之中，柏格森曾经提到了亚里士多德的神，他认为“亚里士多德的神是思想的思想，即构成循环的思想，它通过瞬间的、毋宁说永恒的循环进程把主体转换成客体，把客体转换成主体”。[1]

这就是说，人类一切主观内容都是来自于其自身所具有的智能，智能的简单形式是主体为某种刺激而做出的反应能力。

这种简单智能的反应能力一般是被动的、单向的、单次的，不具有主动性和能动性，而只具有自我保护性和适应性；智能的高级形式是主

1 Bergson,1984a,pp.768–769。

体为某种欲望或某种目的而发动的连续的有规则、有程序的反应能力，不仅体现在神经对电信号的传导上、体现在大脑对各种电信号所包含的信息的综合分析处理上，也体现在对肢体的机械性支配上和反复性、应对性反应上，而这一切都离不开生物电的特殊作用。

人类神经智能、大脑意能是生物电在人体内部特别是神经纤维中发挥特殊作用的结果。

人类利用现代科学技术制造出来的电脑、机器人等智能性机器，都是对人类智能的模仿和再造。

但目前还仅仅局限于对神经智能的“第一层次”或“第二层次”的简单模拟上，一方面可以对客观信息直接做出反应，达到了映射客观信息的层次，一方面还能对这些客观信息进行存储、加工和整合，达到了形成主观信息的层次，亦即“信息的信息”。

而只有再上升一个层次，亦即对主观信息再度做出应答性反应，即产生“反应的反应”，才能达到形成欲望（意念）的层次。

2012 年前，浙江大学成功提取并破译了猴子大脑关于抓、勾、握、捏四种手势的神经信号，使得一只名为“建辉”的猴子如同《阿凡达》中的钢铁战士一样，通过“意念”控制一只机械手进行不同的动作，这种不同的动作就属于对意念的肢体表达。2014 年后，在此基础上，他们又首次用病人颅内植入电极意念控制机械手，并成功完成高难度的肢体运动“石头、剪刀、布”这一猜拳动作，这同样是一种对意念的动作性肢体表达。

这一研究，使得脑机接口技术的临床应用向前迈进了一大步，实现了人脑对外部机械的有效控制，在一定程度上解决了临床上因中风、渐冻人、脑卒中后肢体瘫痪等患者的肢体运动功能障碍。

这项技术不但完成了“第一层次的反应”（亦即客观信息——物质的影像），而且实现了客观变主观的“第二层次的反应”（亦即主观信息——信息的信息），这显然是一种进步。

但猴子“建辉”控制机械手的“意念”还仅仅是由人外在施加的

“神经信号”，并非属于“建辉”自己主动施加的“意念”，因此这个“意念还远远没有超越信息层面”，还远远不能让机械手经由“建辉”的欲望（意念）来直接进行支配。

我已经说过，欲望是“第三层次的反应”，亦即“反应的反应”，说明这项技术尚未真正突破“第三层次的反应”；我认为，只有上升到“反应的反应”的欲望层次，机械手才能达到动物人的大脑意能层次；同样的，只有上升到“欲望的欲望”的精神层次，机械手才能达到正常人的大脑意能层次。

一般而言，人类意能反应的层次越多，则其反应的内容越精粹，越洗练，越高级，越智慧，其反应的方式也越简单、越直接、越快捷、越准确、越超前、越虚幻。

随着科学技术的不断进步，人类对于智能机的研究也必将实现反应层次的多重突破，从而让智能机真正实现超越人类基本智能而达到大脑意能的水平，从而按照欲望动力心理学理论的启示而创造出高级智能—意能机来。

我认为只有到了欲望层次，才能使机器人变得不再冷血，不再被动，不再受制于人类的驱动，一跃而变成主动、热情、有情感、有主见的欲望人。可是到了那个时候，人类或许也就新增加了控制和驾驭机器人的麻烦和无能。

三、神性欲望的超现实性

神性欲望在我们生活中也很常见，比如人们看到飞鸟，可能会产生不能飞行的抱憾性匮欠，于是凭借灵觉和想象而产生给自己安上翅膀的飞行欲望，并由此产生创造和发明飞机的设想，然后反向激发慧性认识而寻求制造飞机的具体方法。再比如一些人经常凭借灵觉和想象而寄望于上帝或神灵能够站出来解救自己的苦难，或者凭借符咒、咒语的灵验而达成自己的某种心愿，等等，都是神性欲望的体现。

还有些人想象自己某一天会成为皇帝、富翁、神仙，或者想象自己突然获得了一个要什么有什么的百宝箱，或者丑小鸭一下子变成了白天鹅，或者指望天上掉下来一个林妹妹……，很多在现实中无法实现的梦想都代表了一种欲望，这就是神性欲望。

理性认识和理性欲望、慧性认识和慧性欲望、神性认识和神性欲望作为一种高级认识能力和欲望驱力，都可以成就科学家的创造与发明。

比如英国医生爱德华 · 詹纳发明接种牛痘预防天花的灵感，最初即是以其对现象与本质之间所存在的特定关系的理性认识为基础、以治愈天花的方法为欲求目标。

1798 年，英国医生爱德华 · 詹纳在自己的病人当中，偶然发现挤牛奶的女工似乎没有感染天花的病例，于是产生了超越既有知识和既有方法的灵觉反应，他认为牛痘可能对于天花具有特殊的免疫力，经过研究之后，他发现这些牛感染牛痘病毒后，挤牛奶的女工透过挤压受感染牛的乳房而感染牛痘，而这些女工们在痊愈后便终生对牛痘免疫，不会再患同样的疾病，同时对天花也能终身免疫。

所以他认为牛痘病毒与天花病毒有一定关系，得过牛痘的女工们也刚好能对天花病毒终生免疫。透过把含有牛痘的溶液涂在健康人的伤口上，他们便会对天花产生免疫力。于是爱德华 · 詹纳便致力研发牛痘疫苗接种。

在此过程中，他饱受抨击与批评，人们甚至讥笑他，说是种过牛痘疫苗的人们会长出牛角和牛毛。在疫苗研发成功后，他接种在自己的儿子身上，导致与妻子发生纠纷，甚至被说是发狂想杀了自己的儿子。不过在詹纳的坚持下，他的儿子在接种后一直相安无事，也没有感染天花。

这是免疫接种的首度成功案例。他的成功使地球上的人类彻底免于天花疾病的威胁。爱德华 · 詹纳的灵觉不是空穴来风，而是有一定的感性基础、知性基础、情性基础、理性基础和慧性基础。

在针对天花的灵觉产生之后，他仍然要将自身的感性认识、知性认识、情性欲望、理性认识和慧性认识融会贯通，搭建成一种集感性、知性、情性、理性、慧性和灵性于一体的高级思维形式。

这是一种研究性思维形式、创造性思维形式和灵动性思维形式，人类的一切研究活动要想取得突破性进展，都离不开这种高级思维形式，在这种集合式思维形式中，神性认识则起到首当其冲的开创性作用。

神性欲望比慧性欲望的层次更高，它是包括慧性欲望在内的以下各层次欲望受到拘囿时的一种破茧方式，一种羽化方式，一种突破方式，一种超越方式。人类正是靠着神性欲望的驱动，才不断超越自身能力和客观环境的局限而逐渐实现了跨越性的发展和进步。

神性欲望可以让人产生超尘脱俗的信念，发明创造的灵感，昂然进取的激情，也可以使人产生脱离现实的空想、幻想或妄想。

所以，神性欲望的产生和发展必须借助理性欲望的推动和慧性欲望的观照，否则神性欲望一旦过分地取代了理性欲望和慧性欲望，破坏了理性认识的正常运行规则和慧性认识的灵活变通方法，就会发生欲望扭曲和变态，甚至产生谵妄、癔病、狂想症等一系列导致神智变异的精神类疾病。

比如一个经常遭到敌人诅咒的人突然患上了心脏病，他把病因归咎于敌人不怀好意的魔法，出于对病理科学的无知，他满足于这个解释，并完全封闭在自己的既定观念中而无法逃脱，这样，他对疾病所采取的治疗方式就会变得不正常，他的明显带有迷信色彩的神性欲望作为一种内驱力必然导致他的心理、情绪、精神和行为也会变得不合常理和常情。

人们所认知的世界，就是自己亲身所体验的世界，也是对来自感官的资料做出各种各样解释的世界，对感知到的一切都认为是真实的，这与大多数思想和想象之物存在着明显的不同。

据说服用致幻剂的人，可能会产生被强化了的想象。想象上的差异，仅仅是一个程度上的事情，即便是一种程度上的变化，可能也会导致意识状态的改变。由于被强化的想象必然导致被强化的神性欲望的过度膨胀，使得人对于想象的事物和感知的现实之间的不同，变得非常难以察觉，结果导致严重的精神病状态。

这种精神病状态即归因于无能在感官感到的世界和内心创造的世界之间做出理性的分辨与慧性的处置。神性欲望的产生以其免于自身的或外在的限制，从而成为使自己实现真正快乐以及荡涤不必要的痛苦的源泉。

以思维为基础，以悟觉为前哨，以灵觉为俯瞰，以想象为依托的神性欲望可以产生真实的疾病的某些症状。

在某些病例中，那种症状似乎如此“真实”，竟然导致生理性的表现，如皮肤上出现疱疹和淤痕，生活中发生的一些怕鬼的故事，常常导致人的精神萎靡、面容倦怠、身体虚弱……都是扭曲变态的神性欲望在生活中的表现。置于欲望金字塔顶尖的神性欲望，必须以下端诸层次中某一层可兑现的欲望为基础，方可实现其欲望价值，否则便可能沦入荒唐的变异境地。

神性欲望指向人类超能力或超自然、超现实的境界。为了证明这种欲望的存在及其结构特征、暗示作用和基本含义，我有必要把经常伴随人类精神活动的幻想、空想、妄想、灵感等列入神性欲望的考察范围之中。

先说说幻想和空想。 幻想、空想都是人脑展开的想象，是智能生物所独有的神经感应性功能和大脑意念性功能。幻想和空想也都是暂时无条件实现而期待能够实现的愿望或想法。

二者都缺乏可作为凭借的现实基础，而仅凭某种匮欠性愿望出发，虽然没有根据、没有道理，却能够在个体心中演绎为某种信念。说它没有道理、没有根据是因为它脱离了现实环境中的条件限制，可以超越时空、超越现有能力而达到的一种虚拟境界。

比如幻想自己遨游宇宙，自由飞翔，幻想自己有朝一日终于找到了白马王子，幻想自己当了官、成了名、赚了大钱，或者幻想自己的某项发明震撼了世界，或者通过大脑的想象功能而产生个人对虚拟世界的介入，并把自己定位在现实中一个无法达到的角色或是自己所构想的美好世界。

这种幻想或空想往往揭示出个体强烈的而又无法达成的欲望，幻想和空想大都出自于对自己有利的欲望的驱动，极少有人幻想或凭空设想自己做了流氓、骗子、杀人犯、囚徒，除非像鲁迅当年为了写作囚徒生活而将自己幻想或空想成囚徒一样，那是为着特定的功利性目的而产生的幻想和空想。这就是说，幻想、空想的东西基本上都是具有特定欲望指向的虚拟目标，倘若没有欲望做铺垫，做基础，做前提，那么，幻想或空想这种精神活动也是不可能产生出来的。

其次再说说妄想。 妄想不同于幻想和空想，它是将某些本来与其个人既有生活情境无关的现象或事件而硬生生地、直接地和主观地联系起来，形成错误的判断、错误的想法和错误的认识，是一种异乎寻常的、非理性、非逻辑、非现实的的精神活动，是一种明明不可能实现却又痴心坚持的错误信念，这种错误信念大多是在精神分裂状态下的反应。

妄想按内容分为被害妄想、抑郁妄想、夸大妄想、变形妄想、钟情妄想、被控制妄想（异己体验）等类型。

被害妄想是个体在没有任何事实依据的情况下，坚信有人要加害于他。

抑郁妄想是个体过分贬低自己的价值，此种妄想包含负罪妄想、疑病妄想、贫穷妄想等。

夸大妄想是个体认为自己聪明过人、认为自己是天才，创造的成果可以改变人类的命运，或者在名誉、地位、权势上加以妄想，也可以在自我担心的某些问题上加以妄想，夸大此事的危险性。

变形妄想是个体认为自己的身体发生了奇异的变形。

钟情妄想是个体在没有任何依据的情况下，认为某人爱上了他。

被控制妄想亦即异己体验，是个体认为自己的身体、思维、意识被某种外力控制住了，也就是说患者认为自己在与某人共享身体、思维，例如个体正在思考某个问题时突然就停止了，并体验到了自己要想的事情被外力（头脑外的思想，而非自己的思想）夺走了（思维剥夺），或体验到了外力强行把不属于自己的事情放到了自己的脑子里（思维插入）等等，均属于脱离现实而不可能的奇思异想。

妄想的最大特征是自我意识的变态和扭曲，其内容的核心完全涉及自我，如“我伟大”“他人要加害于我”“我是有罪的”“那件事情会毁掉我的”“他在关注我呢”“她对我不忠”等等。如内容的核心不涉及自我，就算是一些没有依据的且荒谬离奇的想法，在精神病学的评价标准上，也可以不被视为妄想。

妄想是人类精神活动的特殊反应，是一种围绕自我欲望而产生的一种过度和变态的精神现象。荣格认为精神病患者的幻想或妄想是建立在自古以来的神话、传说、故事等共通的基本模式上的，因此他提出了所谓原型的观点，这个观点在欲望动力心理学原理的推导下显然是无从立足的。

最后再说说灵感。灵感是一种富有创造性的精神活动现象。一般是指在文学、艺术、科学、技术等活动中，由于艰苦学习、长期实践、不断累积经验和知识而突然出现的富有创造力的思路、办法、答案。它以抽象思维和形象思维为基础，与其他心理活动紧密相联。它具有突发性，偶现性，且消失得很快。

灵感一般具有新颖性、独特性、开创性。灵感是创新的起点和发明的开端，是就某一问题而利用表象、联想、思维、想象、直觉、悟觉和灵觉等认知方式而实现的化疑解难并直捣事件症结或问题答案的闪念性认知方式。

灵感是不受个体主观意志所能驾驭的怪物。由此推断，灵感是随意神经活动与潜在的植物神经活动碰撞而出的火花，没有随意神经的意志性倾向提供驱动，没有植物神经的影像性积累和表象性联通提供支持，便不可能产生灵感。

灵感与感悟、悟性、灵悟、会悟、解悟等概念接近，具有较多的共性特征，只是在使用上和所针对的内容上各有侧重而已。人类的慧性欲望和神性欲望既可以依靠它们来启动，同时它们也可以受到慧性欲望和神性欲望来驱动。

我原计划把梦也列入神性欲望考察的范围，但写到半道儿，发现梦并非仅限于神性欲望的产物，其他认知形式也都能产生梦，把梦放在这一节中来考察在全书结构上看有点不太合宜，我决定将梦这一精神现象列入《欲望与意识心理学》一书中进行阐述也许更合适一些，梦是自我意识的特殊表现，几乎与每一个欲望层次都有关系。加之我对梦的解析具有很多新的观点，应该用更大的篇幅对它进行更深入的讨论和分析。

神性欲望阶段的自我和自我意识经历了前期本性欲望阶段的潜伏期、感性欲望阶段的发轫期、知性欲望阶段的初显期、情性欲望阶段的纠缠期、理性欲望阶段的规划期、慧性欲望阶段的应对期而进入神性欲望的超脱期，意味着这一阶段的自我和自我意识已经在精神上开始独立起来，有了独立的选择、独立的情志、独立的理性、独立的智识、独立的思想、独立的观念，甚至独立的信仰、独立的境界和独立的灵魂，我们也可以将这种独立称之为独立的人格。

人类至此已经基本上从本性维度、感性维度、知性维度、情性维度、理性维度和慧性维度中摆脱出来而进入神性维度中来了。

此期的人生观、价值观、世界观已经自成一格、自成体系，如果不经历重大的挫折很难被撼动和改变。

自此以后，人类自我开始真正进入了属于自己的精神世界，而不再纠缠于以往的细枝末节，不再被其他人、事、物所牵制，所掣肘，所制衡，在属于自己的精神领地里不再搅入自己观念和信仰所不予认同的东西，自己与自然界、自己与社会、自己与他人、自己与非关联事件已经有了明确的界限。这一时期，人的自我或自我意识完全确立起来了，一种完全属于自我的精神世界也由此徐徐展开，并逐渐抵达圣境。

第八章　动性欲望
——人类欲望的第八层次

人作为动物之一种，动性也是人类的本能属性之一。但人类之动性，可分为两种类型，一种是先天具有的动性，系本性使然，应当属于本性欲望范畴；另一种是后天具有的动性，是在非本性欲望之外的其他欲望驱动下而产生的动的欲望。比如一个人想吃鱼肉，这个“想吃”的食欲驱动他产生捕鱼、买鱼或烹鱼的具体行动的欲望。

欲望如火，可以点燃人的兴致、情趣、志向、理想，并激发人产生相应的行动。欲望之火一旦熄灭，则由这一欲望所燃起的兴致、情趣、志向、理想也随之熄灭，与之相关的行动也随即停止。

《世说新语 · 任诞》中曾记载这样一段故事，王子猷夜访戴安道，冒雪乘舟而行，经宿方至，造门不前而返，人问其故，王曰：“吾本乘兴而行，兴尽而返，何必见戴？”其兴之所生，则行之所向，其兴之所尽，则行之所返，说明兴与行或欲与行之间存在着严格的对应关系。

人的每一种欲望最终都试图以获得满足为皈依，亦即欲望只有化为行动才能真正踏上寻求满足之旅，否则便是空想、假想，这是某种欲望寻求满足之时必然产生动性欲望的根本原因。

行动是一切欲望步入满足之旅的必经环节。

在中国民间有个很通俗的段子，叫做“光想不说，无把式；光说不练，假把式；光练不说，傻把式；又说又练，好把式”。

“把式”的意思指的是能力、本领、志向，可泛指一切欲望。“光想不说”指的是头脑中产生了想法、产生了志向，如果不说出来，对别人而言有聊似无；“光说不练”指的是有了某种志向、目标，如果不付诸行动，那就不可能实现，不可能变现成真的东西；“光练不说”指的是心中有志向但从不向外人披露，只是默默地朝着这一目标行动，这样可能会让他人摸不着头脑，不知你葫芦里卖的是什么药，很容易在他人心目中产生不解、误解和费解，或者有金子而不能令其发光，有本事而不能赢得声誉，所以被戏称为“傻把式”；“又说又练”指的是心中有目标，有鸿鹄大志，不但敢于告诉别人，而且还身体力行，付诸实践，下真工夫苦工夫锻炼自己，这才是好样的。

其中蕴藉着行动与欲望之间的辩证关系，正体现了欲望只有经过行动才能得以实现的特定逻辑结构。

一、欲望层次相激效应

从生理欲望系统的层次上看，本性欲望会不断推动着感性欲望的发展与上升，并不断推动着知性欲望的发展与上升，知性欲望也会不断推动着情性欲望的发展与上升，以此类推，一级推动一级。我们把欲望之间所具有的这种后浪推前浪的层次推动关系，称之为欲望层次相激效应。

在欲望层次相激效应驱动下，一个欲望产生了，还会藉此衍生出其他的或更大的欲望。但不管哪一个层次的欲望，最终都会衍生出为之行动的欲望。

我们把一个欲望产生后而派生或衍生出来的为之行动的欲望，以及对行动效果做出某种期待的欲望，称之为动性欲望。

动性欲望是对其他任何欲望的终极应答反应，前七种欲望的下线欲望，前七种欲望即为动性欲望的上线欲望。前七种欲望中的每一种欲望都是动性欲望的内驱力。

人类都有甘为某一欲望的实现或满足而付诸行动的欲望，这也是分析和评估人类行为与动机存在必然联系的理论依据。

人若不能自由行动，便无法满足各种欲望。人身自由被限制所造成的不便或伤害并非仅仅在于肌体运动机能难以发挥了，而更在于人的欲望难以实现了，不单在于人的动性欲望被拘囿了，而更在于驱策动性欲望产生的其他欲望，包括本性欲望、感性欲望、知性欲望、情性欲望、理性欲望、慧性欲望和神性欲望等一切欲望都遭遇和陷入了难以付诸实施和顺利实现的困境。所以，人身自由是动性欲望随时可付诸兑现的基本保证。

人的行为内容与动性欲望本身无关，而与其上线欲望的目标指向及其强度、张力等有关。合理的欲望必然导致合理的行为目标，不合理的欲望也必然导致不合理的行为目标。由此可以推断，变态的行为目标一定来自于变态的上线欲望。

行为强度与欲望强度成正比，欲望越强，行为反应越激烈，越迅疾。行为是欲望驱动下的产物，特定的欲望总要驱动特定的行为，而特定的行为总会蕴藉并产生特定的动能和效能。

一个特定的行为在尚未实施之前或在具体实施过程中，欲望主体总要对行为效果有所期待，这种期待便是动性欲望的变种，也是动性欲望产生后对行为效能的理想性寄托。

欲望与认识的关系极为特殊，一方面，欲望推动着人类认识层次的不断上升，而欲望层次也随同认识层次的上升而上升。对于人类的行为而言，欲望是诱导人做什么的问题，指明的是行为的目标问题；认识是指导人为什么做和怎么做的问题，指明的是行为原因和行为方法问题。

从这一意义上说，人类所犯的任何错误既可能是来自于一种错误的目标选择，也可能来自于一种错误的方法选择，前者是欲望问题，后者是认识问题。

认识来源于学习和经验。

比如一位盲人从一间房子里走出去，他走了好多次可能都会撞在墙壁上，如果他从经验中知道或者有人告诉他这间房子的某一面墙上有一扇可以打开的门，他就会设法找到这扇门，如果他不知道开门需要旋动门钮，他可能就不会很快把门打开，倘若他从经验中知道或有人告诉他开门的方法，那么他从这间房子中走出去的欲望目标就会很容易实现。

正确的欲望观是树立正确的世界观、人生观、价值观的基本前提和条件。

欲望观不正确，后面的一切，包括心理、意识、情感、思想、行为和方法都将走歪跑偏。正所谓欲望观念差之毫厘，人生旅途谬之千里。每一个人在这方面都应该引以为鉴。

一个新的欲望的出现，总是代表了一个新的价值体系的开始；同样的，一个旧的欲望被满足，总是代表了一个旧的价值体系的结束。

这就是说，欲望的发生和被满足，总是直接或间接地影响着价值观的改变。所以，人的价值观总是随着其欲望观的改变而改变。

社会上很多因贪得无厌、诛求无度而误入歧途的事例，因好高骛远、急功近利而自毁前途的事例，因痴迷虚无、奢望离谱而走火入魔的事例，等等，都是欲望观扭曲引出的恶果。

二、动性欲望与其他欲望之间的关系

动性欲望既是人的本性欲望，也是其他一切欲望的下线欲望，是其他一切欲望得以落实和兑现的最后一道执行程序。

社会统治者或社会强力集团很早就把限制人身自由作为对人的最严厉的惩罚措施之一。

裴多菲有句著名的诗句："生命诚可贵，爱情价更高，若为自由故，二者皆可抛。"说的就是人的自由欲几乎直接关系到人的一切欲望的实现和满足。

如果任何欲望都不能实现或满足，那么人活着也就没有了任何意义。

所以，在社会生活中，我们会看到，当一方试图限定另一方的人身自由时，总会遭到另一方的极度反抗，这就是作为实现动性欲望的自由欲之于人生的极端重要性。

图 2–1 是人类欲望层次形成图，揭示了动性欲望与其他欲望之间的关系。

图 2–1　人类欲望层次形成图

图 2–1 体现了欲望的层次性结构。一切欲望皆来自于人体生理系统，其间经由本性欲望、感性欲望、知性欲望、情性欲望、理性欲望、慧性欲望、神性欲望，直至达到动性欲望，并经由动性欲望回馈于生理系统。这样，人类个体自我的存在形式便经历了生理层、本能层、感觉

层、认知层、社会层、规则层、智慧层、精神层和行为层的递升且循环式的演绎过程。

以上就是我按照欲望产生的机理而提出的欲望层次说或欲望层次说理论。这八个欲望层次从整体上看是由生理而心理，由客观而主观，由物质而精神，由低级而高级，由混沌而清纯，由实体而虚体，由简单而复杂的方向发展的。不同欲望层次的发源点位、发动方式、结构机理是完全不同的。下面，我就把其中最关键的不同简单地说一下：

第一层次的本性欲望的发源点位可以概括为一个“内”字，即内在生理匮欠及其对内在生理匮欠的内部感觉。这种感觉关系仅限于“内－内”之间，即在内部感觉与自我大脑之间发生。

第二层次的感性欲望的发源点位可以概括为一个“外”字，即外在客体目标及其对外在客体目标的外部感觉。这种感觉关系仅限于“内—外”之间，呈现一种内外相感、内外相应的关系，亦即内在生理匮欠与外在客体目标通过内部感觉与外部感觉之间的相互感应和相互呼应而实现的反应。

比如主体首先感之于内在匮欠时可理解为“呼”者，其外面总要有一个特定的目标而应之；而当主体首先感之于外在目标时也可理解为“呼”者，其内部也必然有一个特定的匮欠而应之。比如感到饥饿的匮欠时，人脑神经就会辐射到外在目标的食物上去；看到食物目标时，人脑神经就会辐射到内在饥饿的匮欠中去。

第三层次的知性欲望的发源点位可以概括为一个“意”字，即意义，亦即内在生理匮欠的意义或外在客体目标的意义。

一方面，内在生理匮欠被内部感觉发现后，传递给中枢神经，中枢神经将针对这一匮欠做出整体的、综合的反应。亦即匮欠对于自身生命、生存等方面所产生的特定的意义性反应。这样，主体不再单方面局限于对匮欠的不适性感觉反应，更包括主体对于匮欠所蕴藉的更深刻的危害意义及其后果的知觉反应。

另一方面，外部客体目标被外部感觉发现后，传递给中枢神经，中枢神经针对这一目标做出了整体的、综合的反应，亦即外在目标对于相应的内在匮欠产生了特定的意义性反应，这样，主体不再单方面局限于对于目标的色彩、形状、大小、声音、气味、软硬等外部感觉的反应，更包括目标的这些特征所蕴藉的更深刻的利害意义及其后果的知觉反应。

换句话说，第三层次的知性欲望的发源点位就在于主体对内在生理匮欠或外在客体目标的整体属性作出全方位的意义性认知和审视，此处的意义指的是对于欲望的满足所具有的有利性或有害性意义。

所以，知性欲望是主体驾驭自己的全部认知能力对于内在匮欠的特征性意义或外部目标的特征性意义进行整体观察和综合体验的结果。这时的知性显然已不再局限于感觉的表面性感知，而开始透过外在的表面性特征而深入到内在的涵义性会意中去了。

第四层次的情性欲望的发源点位可以概括为一个“联”字，即联系，亦即作为欲望主体的自我与满足欲望的关联体之间的联系，而非指生理匮欠与外在关联体之间的联系。

正如马斯洛所言，自我只能作为一个整体而存在，而不能作为部分而存在，任何匮欠都只能是自我的一部分。所以，情性欲望只能是整体的自我与满足欲望的关联体之间的联系的产物。这个关联体可以是物，也可以是人，还可以是事件、场景、情境等等。比如，填充物目标是关联体，掣肘和操纵目标的其他人也是关联体。

第五层次的理性欲望的发源点位可以概括为一个“序”字，即顺序、秩序、规则、规范、规律，亦即作为欲望主体的自我对于各种错综复杂的联系的秩序性思考和规范性期待。这里的联系不仅仅包括自我与满足欲望的各个关联体之间的联系，也包括匮欠与目标之间的联系，以及内在的或外在的与匮欠或目标有关的一切联系。

第六层次的慧性欲望的发源点位可以概括为一个“策”字，即对策、计策、策略、方法、手段，亦即为了实现欲望的满足而寻找各种简便有效的方法和对策，一切欲望终须以获得满足为归依，而在获得满足之前，必须找到有效方法，没有方法便无法付诸具体的行动。

第七层次的神性欲望的发源点位可以概括为一个“超”字，即超越、超脱，亦即作为欲望者的自我为了摆脱自身受制于前六种欲望的拘囿，包括生理匮欠的、客体目标的、联系的、秩序的等各种因素的现实制约和束缚，而努力让自我从其中超越出来的美好尝试和美好期待。

第八层次的动性欲望的发源点位可以概括为一个“动”字，即行动、执行、活动，亦即主体为了满足欲望而必须付诸行动，必须保证行动自由，保证有效执行。

想干什么便能干什么、想怎么做便能怎么做，这是动性欲望的至境。

前面七个层次的欲望都需要获得满足而后快，动性欲望就是为前面这七个层次的欲望而服务的，能不能做到，能不能做好，取决于自己的行动能力，包括肢体行动能力、大脑思考能力、语言表达能力、社会交际能力，等等。这些行动能力一旦被套上枷锁、被捆缚、被拘囿、被限制，那么动性欲望便无法达成，作为欲望主体的能力便无计可施了，其他诸层次欲望也因此而变成了一场春梦。

以上是我试图用一个字这种最简单的方式将各层次欲望的区别层层剥茧，从而做出明确的区分，这一方面有利于证明我的欲望层次理论没有任何猜想臆度的成分，而是有根有据的，有规律可循的；另一方面也有利于让读者更好地理解欲望层次理论的主体脉络，以及与马斯洛的需求层次论的明显差别。

第三篇　欲望层次演绎原理

——欲望层次与人生境界的联动与循环

欲望层次与认知层次不但具有共轭并行、互促互进、相推相牵的联动性特征，而且也具有上下相接、前赴后继、往复酬答的循环性特征。

人的欲望系统从本性欲望层次开始，经过感性欲望层次、知性欲望层次、情性欲望层次、理性欲望层次、慧性欲望层次、神性欲望层次，直到动性欲望层次，自下而上，此推彼进，逐阶攀升，后一阶总是以前一阶为基础，前一阶总是以后一阶为导向，体现了欲望层次由内在而外在、由低级而高级、由简单而复杂、由实在而虚在、由物质而精神的逻辑演绎关系。

但高层次欲望形式出现以后，并不是对低层次欲望形式的脱离和逃避，而是对低层次欲望形式的延伸和展开，对低层次欲望形式具有反向观照、反向回馈和反向酬答的作用。任何较低层次欲望形式的满足，都离不开较高层次欲望形式的续接、延展、反观和联动，这就在整个欲望层次结构系统内部构成了一种循环演绎关系。

同时，人的认知系统从感觉层次出发，经过注意层次、知觉层次、联想层次、想象层次、情觉层次、思维层次、理觉层次、悟觉层次，直到灵觉层次，自下而上，此推彼进，逐阶升攀，后一阶也总是以前一阶为基础，前一阶也总是以后一阶为导向，体现了认知层次由内在而外在、由低级而高级、由简单而复杂、由实在而虚在、由物质而精神的逻辑演绎关系。

同样的，高层次的认知形式出现以后，也并不是对低层次认知形式的脱离和逃避，而是对低层次认知形式的延伸和展开，对低层次认知形式具有反向观照和反向应答的作用。任何较低层次认知形式的完美实现，都离不开较高层次认知形式的续接、延展、联动和反观，这就在整个认知层次结构系统内部构成了一种循环演绎关系。

而且，更为重要的是，欲望的循环演绎关系与认知的循环演绎关系彼此契合，相互共轭，并行不悖，以一体化形式构成了整个人生层次和行为层次的联动循环演绎关系，从而为个体自我生理系统内部环境与外部环境的联动循环演绎关系的良好实现提供了终极保证。

第一章　欲望的联动与循环

可以肯定的是，只有本性欲望完全来自于人体内部环境，其产生过程可以与人体外部环境不构成直接关系。

而自本性欲望之后，其他任何欲望形式的产生都与外部环境、外部目标、外部条件具有千丝万缕的联系，同时也不可避免地深受着本性欲望的内在驱力的影响和掣肘。

甚至可以说，其他任何欲望形式都是本性欲望向外部世界的延伸和演绎。由此便产生了一个非常特殊的欲望结构式：即除本性欲望之外，其他任何欲望形式的发生和发动都要接受本性欲望的驱使、支配、协调和控制，并以回馈和满足本性欲望为最终归依。

一、欲望层次结构的循环关系

本性欲望、感性欲望、知性欲望、情性欲望、理性欲望、慧性欲望、神性欲望、动性欲望是一种逐级上升的递进关系。一级推动一级，一级高于一级。后一级总是以前一级为基础，既蕴藉着前一级的内容，又高于前一级的内容。

而且它们之间还存在着反向衍生的关系，如感性欲望有时也可以衍生或激发出本性欲望。其中本性欲望是一切欲望产生的根基和源头，神性欲望则是欲望的最高形式。

欲望系统这种逐级上升的层次关系，也同时体现了人类认知水平、认知范围和意识能力不断提高和上升的逻辑和路径。动性欲望是前七种欲望产生之后的行为反应，是对前七种欲望为实现满足必须经历的后续程序，也是欲望从产生到满足的最后一道程序。见图 3−1 人类欲望的递升层次及其与动性欲望的关系。

图 3−1 是人类欲望层次的递升及其与动性欲望的关系示意图。人类欲望共分为八个层次，即本性欲望、感性欲望、知性欲望、情性欲望、理性欲望、慧性欲望、神性欲望、动性欲望，其中动性欲望是一个共通层次。如果把人的生理系统及其功能比作一栋楼房的地基的话，那么，

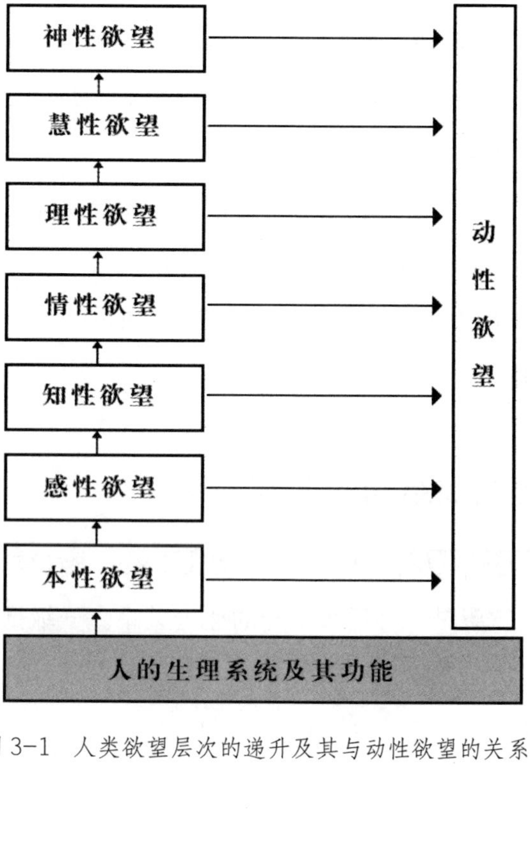

图 3−1　人类欲望层次的递升及其与动性欲望的关系

人类欲望大厦在这个地基上共建了七层，而这个作为共通层次的动性欲望就相当于这座大厦的电梯，每一层次的欲望都可以进入这个电梯实现上行下达的目的。

人类的欲望从本性出发，逐级上升，形成一个有逻辑的、环环相扣的欲望链条和欲望层次，而且，较高欲望层次总是以前面较低认识层次和欲望层次为基础或铺垫，并涵盖以致吞噬了较低层次的欲望内容，这就是欲望的层次递升理论。

自上而下，各欲望层次具有鱼贯式包含的特点，神性欲望层次往往涵盖以致吞噬了同一目标的慧性欲望、理性欲望、情性欲望、知性欲望、感性欲望、本性欲望的全部内容，自郐以下，无不如此。

比如在知性欲望中往往涵盖以致吞噬了同一目标的感性欲望，你品尝一个苹果很甜，这是对于苹果的感性欲望，当你全面认识到苹果不但甜，而且还对色香味及营养价值等各方面在整体上全部了解了之后，你产生对于苹果的知性欲望，这个知性欲望自然也涵盖了你最初对于这个苹果的感性欲望。这就意味着，一个较高层次的欲望实现之后，自郐以下的较低层次的欲望便也获得了鱼贯式通吃的效果，这个原理可以被称之为欲望通吃效应。

但是欲望不管如何递升，每一层次的欲望都直接与动性欲望相连，即是说每一种欲望最后都会产生与之相应的动性欲望，并以动性欲望产生的行为作为实现和满足该欲望的最后一道环节。

这里我可以这样归纳一下，在人类欲望系统中，物质世界的运动与变化形成物质流，物质流作为前浪，涌出了信息流；信息流作为前浪，激活了智能流；智能流作为前浪，推出了欲望流；欲望流作为前浪，引出了意识流，意识流作为前浪，驱动了精神流。

下面，我对人类欲望层次的递升及其与动性欲望的关系作进一步细化，以便更好地揭示欲望的运行规律，见图 3–2。

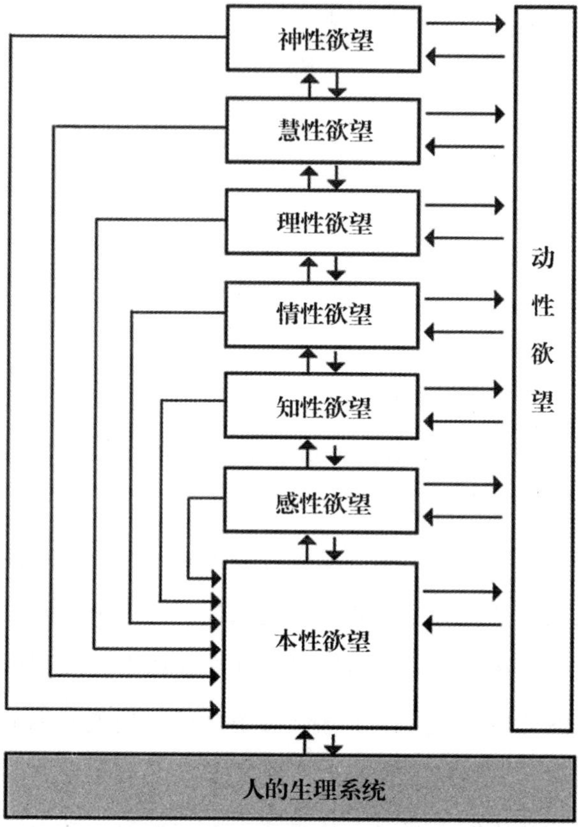

图 3-2 人类欲望系统的层次结构及循环关系

图 3–2 揭示的是欲望层次之间以及与动性欲望之间所构成的循环关系。

人类欲望系统的层次结构及循环关系示意图揭示了欲望层次所具有的特定关系：

第一，揭示了欲望的层次递升关系，以及与动性欲望的关系。这个关系虽然已经体现在欲望形成图中，但欲望形成图仅仅体现了欲望的发出路线，而没有体现欲望的回馈路线。欲望各层次不但有出发并上升的路线，还有返程并下行的路线。

第二，揭示了欲望的循环关系。这种循环关系体现在两个方面：一是欲望自内而外或自外而内的循环关系，这是一种看不见摸不着的循环系统；二是不同欲望层次的循环关系。

具体循环过程如下：人体内部生理系统是人类一切欲望的大本营，在这个大本营中，由生理匮欠和内部感觉交合之后生出本性欲望，并成为这个大本营的总管。

本性欲望一旦产生，便可以直接促发动性欲望，并通过动性欲望驱动各种想法、行为给本性欲望一个满意、半满意或不满意的答复，这就构成了以本性欲望为内部始发点，以动性欲望为外部呼应，最后又以本性欲望为归依点的第一层次的循环关系。

本性欲望在人体大本营内部，虽然生于斯，长于斯，却不甘于斯。为了填充匮欠，满足自己，它不得不从人体内部的大本营中经常探出头来，借助外部感官寻找和捕捉外在世界中一切可能与之对应的目标，以便回馈内部匮欠。

这样，外部感觉在中枢神经的统一支配下，积极配合本性欲望，并在本性欲望的驱动、怂恿、唆使之下，不断用眼耳鼻舌身等外部感官搜寻着外在客观世界中一切可作为填充物的目标。然后经动性欲望驱动的行为动作，实现对本性欲望的满足性回馈，这就构成了以本性欲望为内部始发点，以感性欲望为外在对应点，以动性欲望为执行过程，最后以本性欲望为归依点的第二层次的循环关系。

以此类推，这样，我们可以得到以本性欲望为始发点的七级循环关系：

①欲望的第一级循环关系是：本性欲望—动性欲望—本性欲望；

②欲望的第二级循环关系是：本性欲望—感性欲望—动性欲望—本性欲望；

③欲望的第三级循环关系是：本性欲望—感性欲望—知性欲望—动性欲望—本性欲望；

④欲望的第四级循环关系是：本性欲望—感性欲望—知性欲望—情性欲望—动性欲望—本性欲望；

⑤欲望的第五级循环关系是：本性欲望—感性欲望—知性欲望—情性欲望—理性欲望—动性欲望—本性欲望；

⑥欲望的第六级循环关系是：本性欲望—感性欲望—知性欲望—情性欲望—理性欲望—慧性欲望—动性欲望—本性欲望；

⑦欲望的第七级循环关系是：本性欲望—感性欲望—知性欲望—情性欲望—理性欲望—慧性欲望—神性欲望—动性欲望—本性欲望。

比如袁隆平研究杂交水稻，为了解决本性欲望中的食物问题，他必先后经过对多个品种的水稻的感性欲望、知性欲望、情性欲望、理性欲望、慧性欲望、神性欲望和动性欲望的驱动，最终还要回馈和落实到本性欲望的食欲的始发点上，从而构成了一个大循环。

比尔·盖茨研究电脑技术，从人类自身生理能力或智慧能力整体匮欠的本性欲望出发，经过对电脑的感性欲望、知性欲望、情性欲望、理性欲望、慧性欲望、神性欲望等多层次欲望的连锁驱动，以动性欲望回馈和落实到本性欲望中，使电脑不但实现了视觉、听觉等外部感觉的满足，也在一定程度上解决了人类大脑驾驭知识能力的不足。

欲望的八个层次自下而上是一种递升关系，即逐层演进、步步高升的关系，但有些时候甚至也可以越阶而兴，跨层而作。

比如看见苹果落地而忽然产生了地球或许具有吸引力的猜想，这是感性欲望未经知性欲望、情性欲望和理性欲望层次的驱动而直接产生的慧性欲望的颖悟或神性欲望的启示。

再如某人晨起看到网上报道白天有雨的信息，出门时便特意带了一把伞，以备雨中之需，这是知性欲望越过情性欲望而直接上升为理性欲望。

有人从感性欲望出发，不假思索不经知性欲望阶段便一见钟情地产生情性欲望，也都是很正常的欲望层次跃动事件。这就像一个人登楼梯，有时是拾级而上，一步一阶，有时则是大步流星，一步跨过几个台阶，跳跃发展，但其运动方向却是自下而上的递升方向，这也是欲望层次的一般运行规律。

二、人类欲望循环定律

欲望形式多种多样，欲望层次交叠错落，但千条江河归大海，不管哪种欲望形式，不管经过哪些介质，经过哪些渠道和迂回，最终总要回馈、回归或落实到本性欲望中来。这就是人类欲望循环定律。

人类欲望循环定律有如下两个推论：

1. 每一个层次的欲望都与动性欲望构成一个独立的小循环。

我们先以感性欲望层次为例，以感性欲望为出发点，可以构成感性欲望—动性欲望—感性欲望的小循环。

比如当你听见远处传来一阵美妙的音乐声，感到很悦耳，很舒心（感性欲望），你不由自主地寻找音乐传来的方向，并驱动脚步向音乐发出的地方走过去（动性欲望），希望能够听到更清晰更完整的音乐（感性欲望）——回馈点还是感性欲望。

以知性欲望为出发点，可以构成知性欲望—动性欲望—知性欲望的小循环。

比如你看到一座楼房，以你的视觉能力只能看到 1.5 切面的立体维度，你想知道这座楼的全貌，就必须驱动脚步转到楼的后面，甚至走上楼去看看里面的情况如何，这样，你就在一定程度上了解了这座楼房的整体属性，这就是欲望运行的一个小循环。

2. 以低层次欲望为始发点可以构成跨层次的大循环。

我们仍以感性欲望为出发点，感性欲望—知性欲望—动性欲望—感性欲望，构成了一个大循环。

仅以听觉为例，假如你听见远处传来音乐声（感性欲望），你想知道音乐是从哪里传来的、是什么人演凑出来的、用什么乐器演凑的等等情况（知性欲望），你就必须睁大双眼，驱动脚步，到音乐演奏场所中看个究竟

（动性欲望），希望以后能够经常欣赏到这样美好的音乐（感性欲望）；

再比如知性欲望—神性欲望—动性欲望—知性欲望，也构成了一个大循环。比如你对粮食生产过程略知一二，却还想知道更多一些（知性欲望），通过思考，产生了几种可以提高粮食产量的灵感（神性欲望），并付诸行动做实验，（动性欲望），从而知道了更多的关于粮食生产的知识（知性欲望），如此等等，都可以构成欲望运行的大循环形式。

欲望循环体现在如下六种循环关系中：

第一，欲望层次自下而上的推进和自上而下的回馈，构成了欲望的层次性循环关系。

第二，各个层次的欲望分别与动性欲望构成效应性循环关系。

第三，各层次欲望分别与本性欲望构成归依性循环关系。

第四，两个比邻层次构成了毗邻性循环关系。

第五，低层次欲望与高层次欲望构成跨层次的隔阶性循环关系。

第六，某一层次欲望以上的其他诸层次欲望，都可以与该层次的欲望构成直接回馈性循环关系。这一点对本性欲望层次来说尤其显著。

虽然欲望系统有时会出现跨层次的隔阶性循环关系，但更多的时候，越是比邻的欲望层次，越是切近的欲望层次，便越易于产生直接毗邻性循环。

我们日常生活中的欲望循环，更多的时候体现在效应性小循环上，比如为了获得身心放松的感觉（感性欲望），出外旅行（动性欲望），眼观六路耳听八方、欣赏一路美景、获得快乐的感觉（感性欲望），这是感性欲望层次中的效应性循环关系的体现（感性欲望—动性欲望—感性欲望）；想学习知识（求知欲），找书翻书的动作和调整注意力看书的过程（动性欲望），学到某种知识时的愉悦感受（求知欲），构成了知性欲望的效应性循环关系（知性欲望—动性欲望—知性欲望）。

欲望层次是随着认识层次的发展而发展的。认识层次、知识层次、理论层次越高，其欲望层次一般也越高。

越是高层次的欲望，其社会的广延性、辐射性和影响性越大。

一个只为了生存而奔波的人，一般不会对社会上其他人产生重大影响；一个感性欲望强烈的人，喜欢比较，喜欢挑剔，心理波动较大，对人对事对物常常表现为情绪化，其人际关系一般不会很稳定；一个知性欲望强烈的人，因为他知道的东西更多，而很容易教化其他人并对其他人产生较大影响；一个理性欲望强烈的人，往往站得高，看得远，或演讲布道，或著书立说，很容易在社会上产生重大影响；一个慧性欲望高卓的人，比一般人多谋善断，智高一筹，常常“运筹于帷幄之中而决胜与千里之外”，这种人更适于做参谋或做领导，因而在一定社会范围内具有较高的影响力；同样，一个神性欲望占有优势的人，可能会因其灵性超群，常有奇思异想，不但能解决一般人不能解决的问题，而且还可能做出一些超乎常人的创举，从而产生巨大的社会能量。

一种认识层次产生一种与之相应的欲望形式，一个人在认识上没有达到某一层次，便很难产生相应层次的欲望。

比如，一个听说炒股赚钱的人，对炒股赚钱这件事只能产生感性欲望，表现出一些简单的兴趣，但轻易不会亲自掏钱购买股票，因为他对股票知识和炒股知识还一窍不通，等到他参加几次炒股培训，看了几本股票书，了解了股票市场，而后可能会产生知性欲望，决定在股市上投资，待到经历几次失败，他开始变得更加理性，其投身于炒股的理性欲望占据上风，投资更谨慎起来。

这说明，认识层次在一定程度上决定欲望层次。

所以，过去一些帝王有时会借用欲望的层次关系而奉行“民可使由之，不可使知之”的愚民政策，就是降低民众的欲望层次，以便实行简单而有效的社会管理。

秦始皇“焚书坑儒”，汉武帝“罢黜百家，独尊儒术”，以及包括古代西方国家在内的很多帝王鼓吹“君权神授”的思想，都是利用愚民政策、降低臣民欲望层次的统治秘术。20 世纪出现的所谓“知识越多越反动”的论调，其中也蕴含着欲望层次与知识层次之间所存在的特殊的辩证关系。

从欲望层次和循环关系上看，人的欲望催生出人的意识的形成，驱动着人的行为的产生，而行为落实到现实中并产生特定的结果，由此可以得出人类活动定理：欲而思，思而行，行而果。

三、欲望层次结构的反衍关系

欲望层次除了递升关系之外，还有一种自上而下的反衍关系，即反向衍生、反棹复归的关系。

比如在产生了地球可能具有吸引力的灵感之后，经过深入思考而推演出了万有引力定律，这个过程所体现的便是一种倒行逆施的反衍关系，即从神性欲望灵感自上而下退行到理性欲望的推理层次。

还比如甲借着酒劲欲行冒犯上峰之事，遭到乙强行遏制，甲行动受阻，情绪激动，对某乙产生了怨恨之情，后来酒劲过去了，经过反思和他人点醒，深刻认识到自己的粗率和莽撞。倘若没有乙的劝阻，很可能会酿成祸端。这时甲完全理解了乙的善意善行，想到这些，甲不禁心头一热，对乙产生了强烈的感激之情。

我们从这个例子中可以发现，以理解为基本特征的理性欲望，有时也能倒行下错而产生情性欲望。怨恨之情变成感激之情，中间经历了理性欲望的驱动过程，前期的怨恨之情发展到理解，是情性欲望自下而上向理性欲望的递升，后期由理解而变为感激，则是理性欲望自上而下向情性欲望的反衍和复归。

欲望层次的反衍现象在感性欲望层次表现得尤其明显。在生活中我们经常发现，一个人看到一种好的东西就想据为己有，看到一种不好的东西就想拒之千里，这是感性欲望自上而下向本性欲望的反衍。本性欲望推动的感性欲望的发生和发展，反过来，感性欲望也会向本性欲望产生反衍效应。

一个人发现某种东西很好时，可能会发出一种贪婪的目光，并想要占为己有，这是本性欲望使然；在这个过程中，发现其好，好在何处，这是感性欲望使然。

不管是吃的、用的、玩的等一切物品，当你看到这些物品时，总会根据自己的眼耳鼻舌身等器官对这些物品进行感知，或好或坏，或优或劣，都会做出某种评价，这其间大多情况下都是感性的评价。根据这些评价，你一面产生喜欢或讨厌的情性欲望（或产生肯定或否定的理性欲望），一面也产生想要或不要的本性欲望，前者是自下而上拾级递升，后者是自上而下直接反衍。

再如当你知道某人脾气暴躁之后，你与他接触时会格外小心，这是知性欲望驱动下产生的理性欲望使然；当你知道某人脾气暴躁之后，你一见到他便产生反感，这是知性欲望反衍到感性欲望使然。

当然，反衍关系也并非仅局限于相邻层次之间，在不同欲望层次之间也存在越阶反衍现象。

比如某人产生了画一幅性感女郎的绘画灵感，这个灵感展开之后便又缘着这个灵感中的性感女郎产生了性欲冲动，神性欲望连续跳级一下子回归到了本性欲望的层次之中。

事实上，宇宙中的一切都在向外衍射，也在向内回归，内外循环，九九归一，返璞归真，反棹回畔，人的一切欲望最终总要回归到本性欲望的层次之中，这种回归便是通过欲望层次的反衍关系实现的。同时也证明，欲望是人类精神宇宙不断膨胀的第一动力。

关于本性欲望、感性欲望、知性欲望、情性欲望、理性欲望、慧性欲望、神性欲望和动性欲望这八大类欲望层次的划分理论，我将在后文中还要详细论述。

根据生理学、脑科学、解剖学、病理学和认知神经科学等理论，我们可以断定，欲望也是神经系统特有的为保护和实现生理正常运行而作出的功能性反应。

人作为一种生物意义上的个体，天生的自在性、自然性存在，便是本能，本能的反应是第一级反应。这个反应也是直接关乎主体生理内部的反应；第二级反应则是对外界的客体个别属性的反应；第三级反应是对外界事物整体属性的反应；第四级反应是对自我与外界事物之间联系的反应，即情绪的或情感的反应；第五级反应是对自我与外在事物之间联系的协调性反应，即理性（思想）规则的反应；第六级反应是自我应对和处置各种事物及其问题的应对性反应，即慧性发应。第七级反应是对自我与外在事物之间关系无从协调和无以应对时寻求突破和超越的反应，是一种经过理性思考和慧性应对后试图超越既有关系现状的创造性反应，即神性反应。

每一级反应都可以演变为具体的动作行为，即动作反应或行为反应。

四、欲望层次与神经支持

人的欲望和行为都是受神经操纵的。神经作为纯粹生理性组织，分为植物神经组织和躯体运动神经组织。前者起到对人体内部包括腺体等在内的肌体进行支配、协调的作用，产生无意识的本能性反应；后者起到对人体外部的东西特别是与自身本能所需要的能量、资源性目标有关的事物进行了解、关照、支配、协调的作用，产生智能性反应和意能性反应。

本能是先天的不学而能的能力和功力；意能是后天的学而致用的能力和功力。实现本能的过程是一个致使神经感觉获取舒适快乐的过程，人的一切行为都是为了实现本能并获得本能的快乐为最终的归依。

提高智能和意能的途径有两个，一个是顺乎本能的自在的学习途径，如听音乐、看电视等娱乐方式；二是逆于本能的不自在的学习途径，如刻苦学习，强制性记忆等。

借助欲望层次理论，我们对欲望的产生与感觉、知觉、注意、记忆、表象、知觉、联想、想象、情觉、思维、理觉、理念、悟觉、智识、灵觉等在内的神经智能及人类意能（认识）发展过程之间的关系有了明确的认识，并理清了每一层次的欲望与不同智能层次或不同认识层次之间所存在的相互对应、交互作用的关系。

这就是说，人类认识发展到了哪一个阶段，就会产生与这个阶段相对应的欲望层次，换句话说，人类认识只有发展到了相应的阶段，才能产生与该阶段相应的欲望级别。

本性欲望源自于本性认识，而本性认识只能通过内部感觉对人体内环境做出最原始、最简单的反应。

感性欲望源自于感性认识，而感性认识已经跨出了内部感觉的拘囿，开始凭借外部感觉对外部环境做出反应。

知性欲望源自于知性认识，知性认识可以调动和利用多个感官对事物的整体属性做出较为全面的反应。

自情性欲望以后，包括理性欲望、慧性欲望和神性欲望在内的欲望层次均源自于联想、想象、思维、理觉、悟觉、灵觉等更高级的认识层次。这个高级阶段的认识已经远远超过了感性认识和知性认识层次，而进入到了情性认识、理性认识、慧性认识和神性认识阶段。

本性、感性、知性、情性、理性、慧性、神性、动性八位一体，按照上面的逻辑顺序，次第形成和展开，构成了人类特有的主观世界或精神世界的整体面貌。

欲望与本能、感觉、知觉、理性等相伴而生，并成为人类一切思想和行为的先导。如果没有欲望，没有欲望的推动，人类的一切本性、感性、知性、情性、理性、慧性、神性、动性便无从谈起，人类的一切思想成果和文明成果便无从谈起。所以，欲望是人类照亮精神世界的第一缕光芒，或者说，欲望是人类照亮精神世界的第一道曙光。

弗洛伊德曾把人的欲望分为三个层次：第一层是最原始的动物性欲望，第二层是社会利益的欲望，第三层是道德的欲望。这个分法很笼统，显然无法揭示欲望的内在机理以及各层次的递升、反衍和循环关系。

人体生理系统在运转过程中发生的能量失衡或机能失衡最终都要经由神经系统反应出来。

生理学认为，人的神经系统是由无数个神经元组成的遍布全身的网络。神经元分为感觉神经元、联络神经元和运动神经元三种，每一种神经元都对欲望的产生和满足发挥着特定的作用。换句话说，不同的神经元也在管控和打理着不同的欲望形式和欲望类型。

本性欲望、感性欲望和知性欲望主要是感觉神经元发生作用的结果。感觉神经元也称传入神经元，是传导感觉冲动的，胞体在脑、脊神经节内，多为假单极神经元。其突起构成周围神经的传入神经。神经纤维终末在皮肤和肌肉等部位形成感受器。

因为所有的生理匮欠最终总要被感觉到之后才能产生相应的欲望。如身体受到损害时发生疼痛而产生的解除疼痛感的欲望，发生饥饿时而产生的摄取食物以解除饥饿感的欲望，性激素高涨时而产生的释放性冲动以解除性压抑感的欲望，以及其他为保持生理平衡与舒适而产生的各种欲望都是感觉神经元发挥感知作用的产物。

知性欲望是从本性欲望和感性欲望的基础上发展而来的。如果说衣食住行等涉及到的温暖欲、食欲、动欲等为本性欲望，那么寻求适宜的温度、香甜的美味、悦耳的音乐、好看的风景等便是感性欲望使然了，而对于不同的温度、不同的味道、不同的声音、不同的景色进行更全面的了解和选择，则更多是知性欲望驱动的结果。

作为个体的人，面对强大而浩瀚的宇宙、纷繁而复杂的社会以及高深难测的自身所构成的客观世界，难免会常年困扰于自然力、社会力和自身力的掣肘与约束，使得自己支配、驾驭和控制这个客观世界的能力显得微弱不足，力不从心，这种永远无法超拔的能力匮欠，使人的感官和神经承担着无止境地感知和探索客观世界的功能。

客观世界的无限性，造成了知识的无限性，人体信息系统天然而且永远存在着信息不完善、不对称的缺憾，这就是作为信息系统中承担着接受、传输和反馈信息之功能的感觉系统在捕获信息方面，和同样作为信息系统中承担着汇总、协调、过滤、加工和处理信息之功能的神经系统在驾驭信息方面，都存在着力不能及或鞭长莫及的缺欠，这也是人体信息系统无法超越的天然的生理性匮欠。

正是缘于这种天然的生理性匮欠的存在，使得人的感觉系统不断地产生着视觉欲望、嗅觉欲望、听觉欲望、味觉欲望、触觉欲望，性觉欲望，同时也使得人的神经系统不断产生着思考欲、探索欲、创造欲，并藉此实现观察世界、探索世界、改变世界和提升自身能力的目的。

人的情性欲望、理性欲望、慧性欲望与神性欲望要更多地依赖联合神经元来启动。联合神经元是在神经元之间起联络作用的神经元，是多极神经元。人类神经系统中，最多的神经元，构成中枢神经系统内的复杂网络。胞体位于中枢神经系统的灰质内，其突起一般也位于灰质。人的情性欲望、理性欲望、慧性欲望、神性欲望都是因自我困扰于与世间万般物、万般人、万般事发生联系的产物，对这种联系的纠缠自然要由联合神经元来打理。

情性欲望是在感性欲望和知性欲望的基础上产生的与事物联系有关的欲望类型。更准确地说，情性欲望是在欲望人（即产生欲望的人本身）与欲望目标及其权利人（即匮欠填充物及其权利人）之间因试图建立给予填充匮欠的联系而产生的欲望，这个欲望能否得到满足，与联系的程度或联系的成败有着直接的关系。在这种欲望作用下的神经系统会发动记忆、联想、想象的功能，以便在某种程度上实现对情性欲望的满足。

也正是因为在联系的基础上产生了欲望问题，才有了对事物联系的深度思考与规范，这就产生了理性欲望。理性欲望已经超越了情性欲望阶段，而进入对于各种联系的事理分析、逻辑推断的欲望层次。

理性欲望继续向前发展，人们会感到理性思维也存在力不从心的制约瓶颈和难以超越的认识屏障，仅靠理性力量依然无法达到满足全部欲望的目的。这就需要大脑中联合神经元与人体各种效应器相联系的神经元发挥其特有的功效，从而激发出慧性欲望按照一种超越理性的务实性方向进行谋划运筹并提供行之有效的方法和对策，以实现最终解决问题的目的。

但通过慧性欲望的努力，一些关键性问题，特别是决定自我存在性和万事万物为我所用的终极控制欲望并未能得到圆满的实现，人的自由意志并未能得到完美的体现。为了彻底解除这种困惑，人的多极神经元便会继续发动思维机器并竭尽所能地驱动想象的翅膀，超越现实和现状，朝着慧性欲望所不能及的未知空间飞翔，这便是在慧性欲望的基础上产生的神性欲望。在神性欲望的驱动下，人类各种灵感、各种奇思异想、科学猜想、科学幻想、创造性发明等深层次潜能被不断激发出来。

情性欲望、理性欲望、慧性欲望和神性欲望是人类欲望的高级形式，也是各类神经元互联互通、互动互感的结果。

动性欲望发轫于运动神经元。运动神经元也称传出神经元，是传导运动冲动的神经元，多为多极神经元。胞体位于中枢神经系统的灰质和植物神经节内，其突起构成传出神经纤维。神经纤维终末，分布在肌组织和腺体，形成效应器。

以上各种欲望产生后，不管是本性欲望、感性欲望、知性欲望、情性欲望、理性欲望、慧性欲望或神性欲望，都会传递给运动神经元，为各类欲望目标做出行为反应，为欲望付诸特定行动，这是欲望实现满足过程中必不可少的执行环节。每一种欲望产生之后必然与之伴生相应的动性欲望。这个动性欲望也是前七种欲望的下线欲望。

关于欲望与神经的关系，我将在本书系其他章节中进一步讨论。

第二章　人生境界与欲望层次同梯度俯仰效应

人的一生是从第一次睁开欲望的眼睛开始出发的，并自始至终在欲望的花径中寻寻觅觅、流连忘返，而整个寻觅过程和流连过程始终离不开神经反应和大脑认知。

如果没有神经，没有大脑，没有神经反应，没有大脑认知，人类便不可能产生欲望，便不可能产生想法，便不可能产生有目标和有方向的行动。

就是说，没有欲望、没有想法、没有行动的人也就根本谈不上人性，谈不上人生。所以，有关于欲望的一切，人性的一切，人生的一切，都是从神经反应的那一刻开始的，都是从人类所特有的认知能力发挥作用的那一刻开始的。

什么是人生？人生是一个不断产生欲望和不断满足欲望的自我感知过程和自我体验过程。

什么是人性？人性是人类与现实世界相互融合的天然本性。拨动欲望的琴弦，可以奏响人性的歌谣。人性是由欲望之花衍射的明媚的光辉。欲望之花有多娇艳，人性的光辉便会有多灿烂；欲望之花有多萎靡，人性的光辉便会有多暗淡。当欲望之花凋零谢尽，人性的光辉也便收尽了最后一抹亮色。

有限的人生之中掩映着无限的欲望，无限的欲望被摁进有限的人生之中。人性之花在神经的感应中萌发，在欲望的滋润下盛开，人性之舟在智能性反应和意能性认知中试航，在欲望的长河中漂流。正是神经沿着欲望的方向所衍射的人性之光，照亮了人生的整个行程，并最终转化为一种特殊的能量，成为人类精神宇宙永恒运转的第一推动力。

人生既是一个成长过程，也是一个不断满足欲望的过程。我们从母腹落地的第一声啼哭开始，便注定踏进了人生的欲望之旅。每一个目标都如同一个妖艳的女子，我们总是心甘情愿地伸出我们的内在之手而与之相牵，并一个心眼儿地与之拥抱并交合。不用问我们朝哪里去，我们的惟一方向便是我们的欲望目标。正是朝着欲望目标行走的历程，成就了我们的整个一生。

在我们的内心深处，总有一种力量在驱动着我们做某件事情或不做某件事情，同时，在我们的前方也总有一种目标在吸引着我们、诱惑着我们和召唤着我们为其付出我们的心血和努力。一面是来自于内部也仿佛来自于我们身后似的推力，一面是来自于外部也仿佛来自于我们前方似的拉力，而且这两种力终归要合并在一起，合并在我们的身体上和我们的心灵里。这个力不是别的，就是天天引领我们和驱动我们前行的欲望力。

欲望是我们整个人生内在驱动力与外在召唤力的互动与合成。我们的人生方向和行为过程时时刻刻都深受欲望的掣肘和影响。人被欲望控制着，一不小心就会成为欲望的奴隶。但聪明的人总是借助理智的力量而试图给欲望这匹烈马套上一副缰绳。这样，人就可以不被欲望牵着鼻子走，而可以牵着欲望的缰绳而理性地前行。

没有什么可以让我们改变，发生在我们身上的惟一改变，不过是从一种欲望目标选择中改变为对另一种欲望目标的选择。

我们快乐，我们喜悦，我们幸福，我们得意，我们幽怨，我们痛苦，我们忧虑，我们失意，全都是因为欲望。欲望的满足让我们体验快乐，体验人生的美好，欲望的落空，让我们承受挫折，承受苦难，承受人生的不幸和悲凉。我们昂扬，我们忧郁，都是因为我们心中有欲望的蛊惑、感召、激励和诱导。

欲望有时可以帮助我们战胜一切困难，特别是求生的欲望会使我们产生无比的内驱力。当一个人陷入困境之时，前不着村，后不着店，要吃没吃，要喝没喝，怎样活下去？

《美军生存手册》里开宗明义地写道：“许多求生的案例表明，坚定、强烈的意志可以克服许多困难。”有这样一个案例：一个男子被困在沙漠里八天，没有食物，没有水，他也没有接受过任何生存技能的训练，可是他想活下去，就是靠着这个坚定的意志和信念，他活了下来。所谓坚定的意志和信念，就是欲望柱撑起来的精神脊梁。这种欲望力会驱动我们勇敢地抵挡那些沉重的压力，比如恐惧、焦虑、疼痛；比如受伤、疾病、严寒、酷热、干渴、饥饿、疲劳、失眠、厌烦、寂寞、孤独等等。

欲望是五光十色的、多姿多彩的，这使我们的人生也同样变得五光十色和多姿多彩。在我们的眼前，有无数的目标可以选择，有无数的道路可以选择，而每一种目标，每一条道路，都意味着不同的人生旅程和不同的风景映照。每一种风景，不管你经历的是高山大川，还是小桥流水，不管你经历的是风霜雨雪，还是柳绿花红，你的人生都具有独特的魅力和风采，独特的体验和感受，独特的情缘和故事。

欲望不仅决定你的人生方向，也决定你的人格结构、秉性气质、道德情操和人生境界。欲望是把双刃剑，在成就人的同时也可能演变为一种危害人的罪恶，不知餍足的欲望本性常常让人突破做人的底线。所以，欲望是有标准的，就像自由一样，需要一定的社会性节制和自我意志性节制，“己所不欲勿施于人”的原则，就是从人的本性出发的最起码的欲望阈限。所以，我们既不能有欲无止境的贪婪，也不能有清心寡欲的淡泊，而应该将欲望当成适宜的动力，成就自己壮丽的人生。

哪里有欲望，哪里就有目标，哪里有目标，哪里就有人生的召唤力；同样的，哪个人有欲望，哪个人就有动力，哪个人有动力，哪个人就有行为，哪个人有行为，哪个人就会有人生的成就。

欲望让我们的身体坐卧不宁，让我们的心灵躁动不安，让我们的人生战斗不止。我们受欲望的驱动，不断与万般物、万般人、万般事打交道，并把自己融入世界，也把世界融入给自己。世界因此而绚丽，人生因此而精彩。

“人是欲望的产物，生命是欲望的延续”，只要生命不停止，欲望就不会停止，它会伴随人的一生。

人生就像一条河，它流淌的不是溪水，而是人的各种欲望。人类社会却似一个永远不会干涸的欲望海洋，似乎随时都可能掀起波涛和巨浪。

欲望是人类一切活动的根本驱动力。无论是政治、战争、商业，还是文化、宗教、艺术、教育，都是人类欲望百花园中的多彩绽放。

人格结构是人性本质最内在而充分的体现，而人格结构的组成不但体现在自我十能结构（见本系列书《欲望与人格心理学》）的基本柱撑上，也体现在由此而演绎出来的八大欲望层次上。

十能结构代表了人格产生的内在基础，而八大欲望层次则代表了人格发展的意志方向。

叔本华把这种意志摆到了非常高的位置，认为“人的全部本质就是意志”。并强调“欲求与挣扎是人的全部本质”。把意志解释为欲望、需要，是叔本华唯意志论哲学的基本特色。

在他看来，人，彻底是具体的欲求和需要，是千百种需要的凝聚体。凡是人在根本上所欲求的，也就是他最内在的本质的企向和他按此企向而趋赴的目标。

而我在欲望动力心理学中所界定的人的本质并不直接等同于叔本华的意志或欲望，而是“能”和“欲”两种元素的有机结合，前者是人性确立的根基，后者是人性发展的方向。

欲望层次的逐阶上升，同时也驱动人生境界同梯度共轭而进。欲望层次有多高，人生境界就有多远；欲望层次有多低级，人生境界就有多卑下；欲望层次有多龌龊，人生境界就有多肮脏；欲望层次有多高洁，人生境界就有多美好。我们把人生境界与欲望层次之间所存在的这种齐头并进、共俯共仰的关系，称之为人生境界与欲望层次同梯度俯仰效应。

下面，我借助欲望层次理论推演一下不同欲望层次所柱撑的人格结构特征。即本性欲望、感性欲望、知性欲望、情性欲望、理性欲望、神性欲望、动性欲望不但分别代表了八个欲望反应层次，而且也代表了八种人格结构和八种人生境界。

这八种人格或八种人生境界是：本性境界—感性境界—知性境界—情性境界—理性境界—慧性境界—神性境界—动性境界。

这种体现在欲望系统中的递升层次也代表了人生境界的递升层次和认识发展层次，更是人类由无知变有知，由有知变多情，由多情变理性，由理性变明慧，由明慧变神圣，由神圣而回归现实的成长历程。

一、本性境界：通过本性洞察人格的真实之美

一个人在本性欲望驱动下而呈现的人生境界可称为本性境界，居于此等境界中生活的人，可称为本性人。

本性人是以本性欲望为基础而建立起来的人格结构。人的本性是天赋的本能中所具备的一切属性，是生物本性、动物本性、求生本性、智能本性的总和，这是由其物质性结构功能决定的。人首先是肉体的，一切为了肉体的智能活动和行为活动构成了本性的全部内容，为肉体服务，让肉体始终能够处于自由、舒适、安全和充实的状态是本性人的基本追

求，其人格结构大都限定在内部生理环境“自顾自”的协调与平衡。于是，在追求中体现出来的无知、蒙昧、盲目就成为不可避免。

本性人尚未从野蛮的兽性中脱离出来，尚且是一种“蛮荒的存在”,。所表现出来的特征具有原始性、自然性、动物性、蒙昧性、为我性、排他性、狭隘性、神经智能反应性，而不具备是非性、为他性、道德性，更不具备理性和精神性。

本性人所有的反应或行动都是在本能的驱动下而直指欲望性目标，为本能而本能，为机能而机能，为生而生，为死而死，不具备委婉间接的曲径通幽或曲线救国的弯弯肠子或花花肚子。

本性人不会装相，不会惺惺作态，不会拐弯抹角，不会仰人鼻息，不会自欺欺人，一切都是直来直去，是什么样就表现出什么样。

本性人是一种自然天成的简单，是一种不加矫饰的坦率，其心灵未惹尘埃，未生杂念，其行止率性而为，随情而动。

处于本性阶段的人尚未融入复杂的社会中，没有受到社会的势利因素的污染和搅扰，也没有为社会为他人而甘于做出牺牲做出奉献的爱心和精神。

本性人心中不存善恶，不存标准，不存规矩，未受教化，未经开化，没有尊严，没有节操，所以其人格结构棱角分明，脾气直率，感情单纯，意识直接，这种人格结构很容易伤到他人并危及自己。

这是一个层面最简单、最低级的境界。本性人只受到本性欲望的驱使，在本能的范围内思考问题，并完全以本能的角度伸入自然伸入社会，所以，其处世原则只遵循为我所用的利己原则。生活在这种境界中的人是自私的、狭隘的、短见的、简单的、淳朴的和机械的，同时也是白璧无瑕的，因此也是可怜的和可爱的。

本性人在我们日常生活中一般是指那些“以自我为中心的人”“率性而为的人”“自怜自爱的人”“自私自利的人”“自我封闭的人”“严人宽

己的人”“嫉妒心强的人”“唯我独尊的人”“野蛮的人”“狭隘的人”“任性的人”“短见的人”“缺少爱心的人”，同时，本性人也是“纯真的人”“朴实的人”“直率的人”“赤城的人”。

所以，人的本性中既包含着善也包含着恶，善与恶都是人借助自身理性的视角设定的社会性道德标准，而人的本性自始并非按照某种特定的标准进行演绎的，而是靠自然规则和欲望功能自行演绎的结果。

同时，我们也曾阐述过，本性欲望中的正欲望就是我们通常所说的物欲。人是物质世界发展到一定阶段的必然产物，因此，人性自始脱离不了物性。自然界的一切物质都具有物性，即保持既有的现实存在而不受损害的本性。

人的肉体的物性在特定的环境中要保持完好的存在性并不那么容易和简单，原因就在于这个具有特殊结构功能的肉体始终处于能量不断消耗并不断寻求获得相应补充的循环运动状态，这就决定了人具有天赋的对于物质的依赖性，这种依赖是人类产生物欲的根源。

所以，本性人对物质的占有欲和索取欲伴随着整个人生的全程。谋求、迷恋、贪婪、侵犯、霸占、劫掠对自己有用的物质成为其世界观的重要内容。

人性在对物质的天然的依赖中往往被物性所掣肘，文明仅仅是对野蛮的矫情与伪饰。人们的眼睛最终总要被逼近认识对象的底层，然而，越是接近底层，便越是接近物性。

物欲人人皆有，但满足物欲的方式和手段不仅体现了人的能力和水平，也决定了人的品格和节操。物性是考验人的，“人为财死，鸟为食亡”的严酷逻辑演绎着人的天赋的物质本性，正是这种天赋的本性暴露了本性人同时也作为自然人的人性的狰狞，吞噬了同时也作为社会人的人性的禁果。在物欲的驱动下，天良不能挡驾本性人的贪婪，感情不能左右本性人的选择，文明不能封堵本性人的堕落。社会上那些物欲横流、财迷心窍、唯利是图、见利忘义、利令智昏、弱肉强食的人都是物欲占了上风的本性人。

人为了物欲的满足而无法逃避社会性的矛盾对立与统一。一方面，物欲的目标体现为一种有限的社会性资源，这就把自我推向了与他人的竞争关系之中，而竞争的手段和付诸的行动既然是物性的，也就是无情的和不善的；另一方面自然的力量和社会性竞争的力量是巨大的，个人的力量是极为渺小的，要想满足自己的物欲，就必须不断地与周围人在对立中寻求合作与统一，而寻求合作与统一的手段则必须是有情的和善良的，正是因为这种对立统一的矛盾关系才使人类逐渐攀升到情性与理性的高度并最终总要推演出架构社会秩序与规则的范式。

本性人的产生源自于人与自然的特殊结构关系，梅洛－庞蒂发现了人类与自然的关系中存在着一种奇特的逻辑："宇宙完全是人性的和完全是非人性的"，是"自然主义和人工主义的混合"。他认为"我们只同一些与人不可分割的构造物打交道"。"然而，一切又都是自然的产物"。"自然绝对地显示，而不局限于向人性显示"。

马克思的人学思想认为人是一种对象性的存在物，人没有自己的对象也就不能成其为人，人只有靠自己的对象的补充和反衬才能生存，才能存在。

所以，本性人的物欲体现了人与自然界中的物的关系。而且在本性欲望层次，人还没有真正建立与社会层面的人的关系，正因为如此，本性人也是冷酷而不近人情的，是贪婪而不讲道理的，是迂执而不谙世故的。

二、感性境界：有所感才能有所动，感动不是任性的理由

受感性欲望驱动而呈现的人生境界即为感性境界，沉迷并盘桓于此等境界中生活的人，可称为感性人。

感性人是以感性欲望为基础而建立起来的人格结构。居于这一层次的人的一切活动都是为了获得感官的舒适与快乐。

18 世纪法国哲学家爱尔维修还不能从欲望层次上界定人的定义，他认为人“只是一个感性实体”，趋乐避苦的肉体感受性是支配人的一切活动的永恒本性。

康德在阐述人的道德禀赋时也曾经指出了人在感性意义上所具有的“动物式任性”，并认为人的幸福是经验的和感性的。

康德清醒地意识到，人是感性和理性的双重性格的存在物。人生活在现象界，也生活在本体世界。人作为现象存在是不能自我创造的，受制于外在的必然性，所以人脱离不了感性的世界，人类的理性无时无刻不受到其经验的品格的限制。

在实际生活中，受感性决定的自我，往往“仍然仿佛造就了我们整个的自我，而试图首先提出它的要求并且使它们成为首要的和始源的要求”。

所以，“人的理性当然有一个无可否定的感性层面的使命，即照顾感性的关切，并且为今生的幸福起见，以及可能的话为来生的幸福起见，指定实践的准则”。

19 世纪德国哲学家费尔巴哈更从人本主义出发，提出人是一个“感性”的类存在物，并认为感性是人的自然本质。后来美国哈佛大学教授罗伯特 · 诺齐克更把人的感性描述为“体验快乐的机器”。

看来几乎所有的人学研究者都毫无例外地注意到了人的感性作用和感性存在方式。但我对感性的界定仅仅限于一个特定的欲望层次，或者说是一个特定层次中的属性，远远不能囊括人的全部含义，而且我有理由认为以感性特征来统贯人的全部属性或全部本质特征绝对是以偏概全的武断性结论。

人在感性欲望的作用下，是一个凭着感官认知世界的感觉主体，其所表现出来的人的属性就是在感觉的范围内的自我存在，其单纯性、简单性、现象性和表面性则成为不可避免。

盘桓在感性欲望层次的人属于感性人，他们喜欢看好的、听好的、嗅好的、尝好的、吃好的、玩好的、用好的，喜欢诗意地栖息，喜欢艺术与审美。他们热爱生活，热爱交际，富有浪漫情趣，喜欢游戏人生，喜欢感官刺激，但不喜欢动脑子，其所作所为大都喜欢跟着感觉走。

他们感情丰富而细腻，感觉敏锐而直接，愿意纳新，喜欢怀旧，多愁善感，喜怒无常，爱冲动，情绪化，笑则笑矣，哭则哭矣，怒则怒矣，心无芥蒂，口无遮拦，不矫情，不伪饰，不做作，喜怒哀乐必形之于色，言谈举止常恣意无忌，遇到喜兴的事便乐不拢嘴，遇到悲伤的事便涕泪横流，遇到愤怒的事便拍案而起、迎头痛击。

感性人活在纷繁复杂的人际和物际的各种现象中，做事很容易动感情并轻信别人，凭直觉判断事物是他们看问题和处理问题的常用手段，对问题缺乏深入思考，仅凭表面现象便可能下定结论，这就很容易忽略问题的本质属性，因此显得头脑简单，缺乏理智；他们对喜欢做的事激情四射，勇往直前，甘愿付出，不讲代价，对不喜欢做的事则拒而远之，即便比较重要也可能无动于衷，不以为然。

我们说“这个人很感性”的言外之意一般是指这个人对外在的刺激常常表现得很敏感，比较冲动，容易感情用事，做事不计后果，因此不适合做重要决策。感性人遵循快乐原则，一切能给自己带来快乐的人、事、物，都会成为他们倾慕的对象和追逐的目标。

感性人在日常生活中主要指“神经敏感的人”“喜欢刺激的人”“好冲动的人”“多愁善感的人”“耿耿于怀的人”“悲天悯人的人”“斤斤计较的人”“疑心偏重的人”“瞻前顾后的人”“优柔寡断的人”“不求甚解的人”“豪爽的人”“心软的人”“善良的人”“单纯的人”“肤浅的人”。我们每个人都不可避免地要经历感性欲望的诱惑，并在此一层次中表现出感性的基本特征。

三、知性境界：知之愈多，通往世界的路就愈宽

知性欲望必然驱动个体自我进入博见多闻的知性境界，进入这一境界中的人，可称为知性人。

知性人是以知性欲望为基础而建立起来的人格结构。人作为一种特殊的智能体（这里的智能概念包含大脑中枢神经在内的全部神经系统之功能），在欲望的推动下，有能力将客观信息转变为主观信息，从而根据信息实现自身的平衡运动。

人是一种“生而无知”的动物，出生时就如同一张白纸，对外界事物的万千气象一无所有、一无所知，但却具有学习的天性和本能。

与其他动物相比，人能意识到并反省、检视和校正自己的无知，并通过求知而实现自我救赎和自我保全。

人之所以为人，之所以能够成为真正的人，就是通过学习而实现的自我重塑和人性再建，否则，便只能保持动物的原始愚昧状态。

而人类以其智能的有限性和客观信息的无限性，不可能淘尽客观信息的全部内容。

人类智能作为信息的介质和加工厂，作为介于客观信息和主观信息之间的映视透镜，就像居于主客观之间的天平支点，在两方面信息之间试图寻找和建立有效的平衡，正是这种无法实现的信息平衡，方才构成了一种不平衡，从而使得人类始终存在着天赋的智能的缺憾和知性的匮欠，这就是人类求知欲产生的根源。

人类的知性始终处于抱残守缺和求知若渴的匮欠状态，所以，求知欲是人类永恒的欲望。

为满足知性匮欠而孜孜以求的人便是知性人。知性人是永远无法被满足和无法获得足够平衡的人。

人的智能产生知性，知性反过来推动人的智能和意能不断发展和提

高，从“由智而知”到“转知成智”是一种特殊的功能结构性互动，二者互促互进，相得益彰。

求知是为了启智，启智是为满足欲望而服务。人类一切欲望的实现和满足都离不开智能的启示与帮助，可以说智能是人类实现自身欲望的有效工具。所以，求知自始便是人类为自身欲望服务的手段而非目的。

人类天生具有好奇、求异、慕新、探究的欲望。求知欲不仅体现在对于设身处地的生活经验的积累，而且也更在于对前人既有经验的吸收和演绎，正是后者保证了人类知识的薪火相传。

知性人是一个集自我经验与他人经验、生活经验与书本经验、现代经验与传统经验于一体的信息存贮器，在知性层次上，人与人之间的差别主要体现在所知甚多或所知甚少上。

博闻多学、经多见广者则是知性层次中令人羡慕的人。知性人是适应环境和改变环境的强者，因为他们总是更多地知道环境中的有利因素和不利因素及其所在位置，并藉此有效调整自己的行为，及时获取有利条件和规避不利风险。

因此，知性人对于环境的适应能力、改造能力、自我保全能力和自我发展能力都具有相当不错的表现。

人类从感觉到知觉，从知道一点点，到知道更多，逐渐变成了知性人。

知性人处于知觉和表象阶段，是在多个感官的自觉的基础上形成的知觉主体，知觉的目的在于对环境的积极探索和有效适应。

人是在欲望系统的特定环境中谋求生存和发展的动物，趋利避害是人类自动恪守的欲望定理，而实现趋利避害的基本前提便是知性，因知之而趋之，因知之而避之，不知者何所趋之？不知者何所避之？所以，知性人是为满足各种欲望做准备、做铺垫的人，也是为满足各种欲望寻找和提供有效手段的人。

知性人遵循能力至上原则，为了提高能力，知性人始终处于自我学习、自我训练、自我教育、自我提高和自我塑造的求知活动中，目的是在自然和社会的双重压力下更有效地解决各种矛盾，满足各种欲望。

正是为了从这种矛盾的压力中解放出来，知性人开始从顾及内部生理环境的本性人和顾及外在客观环境的感性人的两极对立中回归到自我救赎的能力锻造上来，并领悟到能力对于驾驭和协调内外环境的根本意义，从而使自身的境界实现了一次质的上升与超越。人类正是从这个层面上开始向聪明人和智慧人的方向实现了一次华丽转身。

知性人在现实生活中多指那些“好学上进的人”“有知识的人”“知识丰富的人（知识渊博的人）”“博闻强识的人”“博学多才的人”“博古通今的人”或“经验丰富的人”“见多识广的人（广见博闻的人）”“学有所长的人”“多才多艺的人”“懂科学的人”“懂技术的人”。

人的一生也是学习的一生，只要在生活，在工作，在经历，就自然会长知识，长见识。所以，世界上的每一个人只要拥有正常的智能，就都毫无例外地是一个知性人，或者说都毫无例外地表现出其特有的知性的一面。

四、情性境界：感情体现圆滑，情绪暴露棱角

情性境界是与情性欲望层次共轭而进的人生境界，耽于此一境界中生活的人，可称为情性人。情性人是指那些始终为情而活并常年纠结于各种感情关系中而不能自拔的人。

情性人是以情性欲望为基础而建立起来的人格结构。情是情觉对欲望关联对象发生作用的产物，是作为人的自我在欲望系统中与另外的“他者”之间的关系表达性效应和效果，没有关系便产生不了情，有关系而没有欲望因素的牵连也产生不了情。

尽管感性人也同样存在于与另外的他者之间所建立的关系之中，但

感性人仅仅源自于对关系及其关系对象的感觉性反应，更多地局限于主体借助外部感觉对外在表面现象直接发生作用之后所获得的感性体验或评价，是一种主要针对事物个别属性的浅在的简单的反应层次。

而情性人则源自于对关系及其关系对象的知觉性反应，更多地弥漫于主体借助知觉对外在事物发生作用之后所获得的心理体验和评价，是一种主要针对事物整体属性的深度的复杂的反应层次。这说明感性还浮在表面而知性则已深入到心理，这是感性人与情性人居于两个欲望层次上的最大的不同。

与知性人相比，情性人注重对关系或联系的感受和体验，知物，知事，知人，知关系，都属于个体应有的知性范畴，而只有牵连到对关系的认知才能产生情性欲望。

主体对事物的认识，既要认识其内在属性，也要认识其外在属性，内在属性主要指事物的内部结构及其功能特点，外部属性主要指该事物的外部特征及其与他事物之间的关系，特别是与主体欲望之间的关系。所以，在情性阶段，人是建立和破解各种欲望关系的感情主体，在纷繁复杂的关系中确立自我的存在及其身份、地位和角色则是在这一层次中的根本意志活动。

我们把欲望主体与事物之间所建立的互动性和表达性关系称之为情性。

所以，情性人处于自我对关系及其关系对象在互动过程中产生的特殊反应层次中，而且我有理由认为在这种结构中不限于躯体运动神经反应，也更包含着植物性神经（即内脏运动神经）反应。如发生感情或情绪波动时，受植物性神经支配的机体各器官包括血管、平滑肌和腺体等活动都会同步发生异常改变，从而促使心跳加快、血管膨胀、体温上升、腺体分泌增多等连发性改变。

这说明情性与知性在受植物性神经功能的影响方面也存在着很大的

不同。我认为植物性神经对知性的记忆、表象、联想等功能的发挥充当了存储器和连接桥的角色，而对于情性反应则几乎充当了策应的后台和幕后的推手，起到了顺势激发和暗中鼓动的作用。

所以，情性人的性格或脾气与其血型、血质和生理内部环境及条件的关系十分密切，其实质也就是与其植物性神经所司理的内容和关系直接相连。

情性人也是性情中人，血气方刚，意气风发，豪气冲天，发乎情却未必止于礼（只有进入理性层次才能止于礼）。他们重感情，讲义气，好面子，同情弱小，仗义执言。情性人遵循感情至上原则，谁对我好，便充满感激，甘愿涌泉相报；谁对我不好，便怀恨在心，不惜横眉冷对。

但比起感性人，情性人显得深刻而稳重，不会仅仅从表面现象上便随便下结论，对各种关系的认知已经超越了感觉层面而进入知觉层面，从感性层面进入了心理层面，因此对情感关系的把握比感性人体验得更深刻，更准确，更慎重，虽说重视关系，重视感情，却不会轻易发作，恣意妄为。

情性人充分显露了人所特有的和不可逃避的社会属性，在复杂的社会关系中不断寻找自己的定位，“我是谁？我为谁而活着？”的问题一直成为困扰自我角色和自我定位的谜团。

晚年的爱因斯坦曾有过如下一段自白：一个人很难知道在他自己的生活中什么是有意义的，当然也就不应当以此去打扰别人。鱼对于它终生都在其中游泳的水又知道些什么呢？

爱因斯坦回答说：“我们吃别人种的粮食，穿别人缝的衣服，住别人造的房子。我们的大部分知识和信仰都是通过别人所创造的语言由别人传授给我们的……个人之所以成其为个人，以及他的生存之所以有意义，与其说是靠他个人的力量，不如说是由于他是伟大人类社会的一个成员，从生到死，社会都在支配着他的物质生活和精神生活。”

情性人无法逃避的社会属性从中可见一斑。

情性人一般是指“重感情的人”“讲义气的人”“讲交情的人”“人情练达的人”“情深意重的人”“感情至上的人”“有情有意的人”“情真意切的人”“感情细腻的人”“一往情深的人”“一见钟情的人”“儿女情长的人”“多情善感的人”“眉目传情的人”“柔情侠骨的人”“助人为乐的人”“寄兴寓情的人”“睹物伤情的人”“瞻情顾意的人”“满腔热情的人”“适情率意的人”“直情径行的人”“恣情纵欲的人”“脾气暴躁的人”“情绪躁动的人”“火急火燎的人”“沉不住气的人”。

只要我们处身于自然、跻身于社会中，就必然与自然、与社会建立某种欲望性关系，这种关系在互动中必然产生感情和情绪反应。“问世间情为何物，直教人生死相许”，情代表了自我对于某种特定欲望对象的寄托与期待，人们为了情而活，实则也是为了欲望而活。

我们每个人在情性欲望层次上都很难把持住自己，很难让自己不动心，不动情，除非让自己的欲望之火完全熄灭。所以，情是人性在特定欲望关系层面上的必然反应，只要有欲望存在，只要有自我与外在的“他者”的关系存在，情便是一种不可避免的人性纠结与缠绵。

五、理性境界：理智是人格成熟的标志

在理性欲望驱动下，人生境界也必然会随之得到理性的提升与发展，进入此一境界的人已经具备了一定的理性头脑，可称之为理性人。

理性人是以理性欲望为基础而建立起来的人格结构，也是个体自我处于欲望系统中进行自主选择而力求实现自由意志的体现，是自我对欲望驱动下的行为目标、行为方式、行为程度和行为范围的一种标准性预设。

这种预设的主要目的是为了规制行为，而不是规制思想。

古代传教士告诉人们说：“到此为止，不能再向前了。我们给思想制

定了界限。”

但希腊人却说 ：“一切都应该经过考察，经过质疑，对于思想，不能规定界限。”

这是以人为本思想的发端，认为思想必须体现人的自由意志，人类必须为保证自由意志的达成而清除一切界限，并为保证这种清除活动的有效性设定必要的标准和规制。而一切标准和规制又何尝不是一种界限呢？如果说清除思想界限的活动是一种理性的话，那么，为这种清除活动而设定的界限也同样是一种理性。

这就像人类追求人身自由一样，追求自由本身即是一种理性，而为了保证自由的实现就必须清除拘束自由的樊篱，为了保证这种清除活动顺利进行就必须设定法律、规则、界限，从而使那些阻碍自由、限制自由的一切相反的力量受到钳制或制裁，以后者的不自由而保证前者的自由。人类对这种包含着正反两方面矛盾关系的不同处置手段，其实都是理性的体现。

所以，真正的理性是为自由服务的理性，我们都在为摆脱限制而制造限制。关键是这个限制是由谁来制定？如果是由他人制定的限制则不是自己意志的体现，不是为实现自己的自由意志的理性。

康德认为，人不仅是感性世界的成员，而且也是理智世界的成员。这意味着，我们必须逻辑地从我们心中有一个绝对命令的事实推断出一个承担道德法则的自由意志。“如果道德法则不是预先在我们的理性中被明白地思想到，那么我们就决不会认为我们有正当理由去认识某种像自由一样的东西（尽管这并不矛盾）。但是，假使没有自由，那么道德法则就不会在我们内心中找到。”

理性人必须是以人为中心的，以社会性的自我为中心的，而居于前面几个欲望层次中的人，不但一切都以自然性的自我为中心，而且将手段与目的相混淆，只要为了自我便可以不择手段、不拘形式。只有到了理性阶段，人才开始学会了通过为人而达到为己的目的。

理性在实际操作上仅仅是为己的手段而非目的。每个人的理性都是在长期的理论与实践的双重经验中成长和发展起来的，而且无一例外地都是以自我意识和自我意志为中心的理性，以他人意识和他人意志为中心的理性是假理性，假理性或者是似通非通的理性，或者是接受教化的理性，或者是人云亦云的理性，或者是阿谀奉承的理性。

人的理性是人类自行预设的标准和规范，在康德看来，人为自然立法（知识），是人类理性的基本目的；人为自由立法（道德），则是人类理性的最高目的。

人不同于动物，只知服从规律；人也不同于神，只知颁布规律。人是自己服从自己颁布的规律。道德的自律，使人获得了自由，也获得了做人的尊严和价值，并具有了真正的人格。

哲学家普罗塔哥拉有一句名言："人是万物的尺度。"这个尺度就是一种以自我为中心的理性的评价标准，对世界怎么看并不归世界本身说了算，而归人说了算，人说它好就是好，人说它不好就是不好。所有的所谓尺度都是人设立的，而不是客观事物设立的。

在我看来人的理性不过是通过自己的世界观和方法论而给自我立下的规矩和标准，是让自己心甘情愿遵循的一种行为准则，是自己生活所感、学习所积、实践所得、智能所悟、意能所生的道理和法据。尽管有时人们不得不遵循他人制定的法，但他人制定的法或许其中也有很多与自我意志相契合，也有很多与自我意志相抵触，但不论青红皂白，作为个体的自我都要被圈定其间，而这并不妨碍自我意志之中具有完全属于自我的独立的法。

所以，我这里所说的理性人并不在于具备什么样的理性，而在于达到了一定欲望层次之后而必然具备的理性意志、理性观念、理性思考、理性认识，至于这种理性或对或错，或是或非，并不遵循唯一的理性标准。

因为，每个人的理性的形成都必然地遵循着欲望定理所统摄和所驱策的方向，“己欲立而立之，己欲达而达之”[1]，因此每个人的理性在目的上都是为己的，但在形式和手段上却存在着各种各样的差异。

同样是为己，以损人利己的方式而为之，则会触犯社会的理性，冒犯了“己所不欲，勿施于人”的处世原则。

随着欲望层次的不断提升，人在情性欲望阶段便被推向了社会层次，在这个层次上要想达到为己的目的，就不得不考虑社会竞争机制的制衡原则和社会合作机制的共赢原则，于是每个人通过在各种对立统一关系的纠缠中获得了为己与为人的辩证之理，通过为人而达到为己的目的则是每个人不得不遵循的理性选择。

理性人遵循适者生存原则。在理性阶段，每个人都要力求让自己成为一个适应自然、适应社会的人，他们是为自己确立行为准则的理性主体，当发现欲望的满足并不是一种随意性活动，在屡屡碰壁并不断遭遇反弹的伤痕中反观自己行为的轨迹，在经验与教训的双重挤压下，一种知道自己“应该做什么、怎么做”和“不应该做什么和不应该怎么做”的理性自我诞生了。

理性人在经济学中是对在经济社会中从事经济活动的所有人的基本特征的一般性抽象。这个被抽象出来的基本特征就是：每一个从事经济活动的人都是利己的。也可以说，每一个从事经济活动的人所采取的经济行为都是企图以自己最小的经济代价去获得最大的经济利益。

如果每个人都具备相同的经济理性，那么，这个世界将成为强者的世界，因为只有强者才能通过高智能和高意能的手段而实现“小付出大回报”的目标，而总有低智能和低意能的人成为被弱肉强食的对象和分母。这样的理性则是“物竞天择，能者生存”的理性。

社会学的理性主要在于人们参加社会活动必须遵循的基本原则，这

1　孔子《论语》。

些原则分别以道德、伦理、法律、制度、宗教、文化、习俗等多种形式的标准模型被固定下来，目的是为了维护社会和谐有序发展和健康运行机制。

从心理学的欲望的理性到经济学的竞争的理性，再到社会学的和谐的理性，其间体现了人的生理内环境与自然外环境以及与社会外环境对立统一的内在逻辑结构关系。

理性人一般是指“有头脑的人”或“头脑清醒的人”“有逻辑的人”“讲道理的人”“讲秩序的人”“坚持原则的人”“遵纪守法的人”“恪守伦理道德的人”“做事有标准的人”“做事有规律的人”“做事有计划的人”“做事有理有据的人”“善于思考的人”“喜欢争辩的人”“就事论事的人”“深明大义的人”“一丝不苟的人”“认真的人”“严谨的人”“慎重的人”“理智的人”“固执己见的人”“不善变通的人”。

人的理性层次是基于知性层次和情性层次而产生的更高的认知层次。很多人由于知性低，情性弱，其理性认知水平表现不高，而另有些人通过艰苦的知性学习和情性历练，大大提高了理性思维、抽象思维和逻辑思维能力，其分析问题、判断问题的水平往往高于普通人。

所以，虽然每个人在理性欲望的驱动下都会上升到一定的理性高度，但各自所表现出来的理性水平却是参差不齐的。

六、慧性境界：唯有智慧之光才能把自我意识照亮

在慧性欲望驱动下，人生境界也必然放射出明丽的慧性之光。进入慧性境界的人生开始逐渐走向开悟之旅，并由此而被称为慧性人。

慧性人是以慧性欲望为基础而建立起来的人格结构。慧性代表了人类智能反应和认识水平所达到的至高程度，是人类慧能发展到一定阶段的必然产物，同时也是人类聪明才智的集中反映。

人类认识世界的终极目的是改造世界以适应自我和为自我服务，从

而按照自我意志驾驭世间的一切。

自然和社会的严酷性即便连人类的本性欲望有时也不能给予有效而充分的满足，更何况其他更高层次的欲望形式了。

非止于此，人类以其自身能力的有限性，在面对非自我性的外在的他者时，越来越感受到了无法实现自由意志的困惑与无奈，既不能自由地支配自然事物，不能自由地支配社会人际，也不能突破自我、超越自我而抵达随心所欲的自由境界。

于是，人类只好借助提升自身的智能和意能而不断寻求获得支配这一切的有效力量和方法。

从本性认识出发，拾级而上，经过感性认识、知性认识、情性认识和理性认识的艰难旅程，终于上升到了慧性认识阶段。

一路走来，回头望去，前面的认识几乎都是对于已经走过的路程所进行的体验、浏览、观察、比较、识别、选择、标示、记录、裁断、揭示、归纳、总结、捋顺和推理，这是一种广义的“知性”过程，也是发现问题、判断问题、分析问题的过程。

问题放置在那里，人人皆可凭借自己的官能而“知之”“识之”“析之”，问题的特点、属性、规律既可以被甲认识到，也可以被乙认识到，说明“知性”具有人性智能的广度和定性，具有一定的公众性、规则性、稳定性和静态性。

人类如果仅仅发展到“知性”阶段而不再向更高的智能层次和意能层次发展，那么人类只能表现为对于环境的“适应性”，而不能表现为对于环境的“创造性”。

这说明，人类仅有这个“知性”过程还是远远不够的，还仅仅局限于“认识世界”和“适应世界”的过程，却不能进入“改造世界”和“创造世界”的过程。

而只有“变知为智”“转识成慧”，才能实现智能的突破和意能的飞越，并通过这种突破和飞越，达到慧性认识层次，从而为能够有效“改造世界”和“创造世界”获取更高级的智能储备和意能储备。

人类获取知识的目的不是仅仅为了有“知”，也不是仅仅为了有“理”，而是为了获取终极智慧。

因此，人类慧能和意能发展到慧性阶段，便超越了发现问题、判断问题和分析问题的简单的公式化认知层次，而进入了解决问题的更高级的应对性和变通性认知层次中，亦即利用前期的认识结论提供解决问题的方案和方法的层次。

即是说，问题放置在那里，问题的属性、特点、规则被认识之后，如何解决这个问题，则需要找到简便而有效的方法和对策。

面对同样一个问题，可能会有一千个应对方法，但每个人凭借自己的智能和意能所能提供的方法却各有千秋，这说明慧性具有人性意能的足够的高度和变性，具有一定的个体性、独特性、动态性、变通性、创新性，人类认识发展到这一步，才能超越“适应性”而进入“创造性”的慧能层次中，藉此实现“改造世界”和“创造世界”的目的。

“知性”带给人的是博学多识，让人知其所生，知其所属，知其所能，知其所在，知其所归，但知识并不直接等于智慧，知性并不直接等于慧性。即不能直接给人带来解悟性的聪明和创造性的智慧。

哲学家赫拉克利特也提出了同样的看法，他说：“博学并不能使人智慧。”只有把知性上升为慧性，“化知为智”“转识成慧”，慧能的力量才能最大限度地被释放出来和发挥出来。

我们在一系列进化论著作中知道，人类能够借助工具实现自己的目的，动物却不能做到，即便是类人猿等一些智能较高级的动物，也只能借助简单的工具来实现获取食物和逃避风险的目的，而人类则不但能够利用工具完成各种想要完成的任务，同时也能制造工具甚至制造出十分复杂的工具来实现自己的任务目标。

当然，我们这里所说的慧性，远远不限于人与动物相区别的慧性，而是人类在智能发展过程中所达到的超过其基本智能的高级智慧。

相对于“知性人”“理性人”能够主动地探索环境、适应环境而言，“慧性人”则是环境的能动的调控者和改造者。

一方面，他们具备一定的“知性”和“理性”，能主动地改变自己以应对环境中的各种规则、各种变化，并从各种环境条件中获取对于自身发展的有利因素，或者化解、消除、改变其中的不利因素，以实现保全自己、提升自己和壮大自己的目的。

另一方面，他们根据前期认识过程中所获得的“感性”“知性”或“理性”经验，面对瞬息万变的客观环境，在一定程度上掌握了通权达变、灵活变通的应对方法和策略，他们以保全和成全自我为中心目的，通过自己的主体力量去影响、引导、调节、驾驭和改变客观环境，力求保持自我发展与环境变化之间的动态平衡与差序和谐。

人的认识能力决定了人的生存能力，从“知识型生存”到“智慧型生存”体现了一种智能的进步和意能的提升，而发展到“智慧型生存”则不啻一次智能和意能的巨大飞跃。

至此人类智能和意能由静态阶段发展为动态阶段，由一板一眼的认知与解释阶段发展为通权达变的应对与作为阶段，由层层推演的理论分析发展为解决问题的具体策略，这是人类智慧发展的必然趋势和必然结果。慧性人不但具备足够的感性、知性、情性、理性，也更具备了动态的、灵活变通的解决问题的高级慧性，并由此建立起了慧性人格。

慧性人遵循灵活变通的处事原则，他们善于通权达变、随机应变，能够因地制宜、因时制宜、因势利导、因利乘便，甚至为了达到目的而不择手段。

慧性人起码具有四个方面的基本特性：

第一，他是聪明人，表现为反应快、悟性高、富有创造性，能够跳出传统、变换角度、超越常规，为解决实际问题能够拿出简便而有效的方法和对策，善于变通，善于调整，“兵来将挡，水来土掩”，不管遇到什么问题，都会处变不惊，应对自如。

第二，他是觉悟人，表现为对自己所学所识能够吸收到自己精神的胃肠里，化为自己的血肉，不唯书，不唯经验，不被书本理论所限，不被既有经验所累，不做作，不矫情，不计较，不装假，既能够超越他人，也能够超越自我，不骄不躁，不烦不恼，心气平和，保有一份本然的率真。

第三，他是明智人，表现为他对一切事物与自我之间关系的处置既能做到合情也能做到合理，有分寸，合时宜，既有利于自我，又有利于他人和社会，总能在各种矛盾关系中找到自己的合适位置。

第四，他是自由人，表现为他自己即是主宰自己思想和行动的主人，具有独立的个性，独立的人格，独立的信奉，有能力有信心为自己负责，为自己做主。

慧性人一般是指那些“聪明智慧的人”“有勇有谋的人”“胸怀大略的人”“高瞻远瞩的人”“通权达变的人”“随机应变的人”“深谋远虑的人”“老谋深算的人”“胸有成竹的人”“洞幽烛微的人”“明察秋毫的人”“善于创新的人”“善于解决问题的人”“精明的人”“点子多的人”“城府深的人”“处事圆滑的人”“不择手段的人”“善于投机取巧的人”。

慧性人因为智能水平和意能水平高，看问题能够很快抓住实质，提供方策能够准确命中要害，一般都具有领导才能、军事指挥才能，并很容易成为社会的栋梁之才和一个事件的关键人物，因此也常常具有非凡的人格魅力和社会影响力。

七、神性境界：超越自己是通往人生胜境的惟一出路

神性欲望驱动人生境界实现了一次壮丽的超越，进入此一境界的人可称之为神性人。

神性人是以神性欲望为基础而建立起来的人格结构。神性欲望驱动自我超越了人的肉体而进入到忘记自我和忘记人间烟火的绝对自由意志空间，是对自我肉体和生理功能的短时性或瞬时性游离和背叛。

这种游离和背叛源自于人在前面几个欲望层次中所遇到的各种对立与统一矛盾的拮抗性反应，相当于在不同层次的自我之间发生了一场无休止的战争，最后终竟无法彻底摆脱对立与统一的矛盾关系。

本以为借助理性欲望可以实现对矛盾的梳理和闪避，但理性的自我却采取了“打得赢便打，打不赢便跑”的被动性生存策略。

到了慧性欲望阶段，面对各种对立与统一的矛盾关系，似乎可以找到更灵活有效的解决方法，但由于人的自我摆脱不掉自身的肉体生理性存在形式，最终仍无法逃避各种矛盾关系的长期纠缠与掣肘，这就意味着慧性欲望仍无法抵达自由意志的终极目标。

要想上升为完全超脱的、绝对自由的自我形式，人类的欲望层次还需要获得一次极致化的提升，这便是超然物外的神性层次，只有抵达这个层次，才能实现从人性到神性、从人境到神镜的过渡和超越。

这种由慧性的自我所升华的精神就像一只被放飞的风筝，高高地飞翔在蔚蓝的天空。我们之所以说这种游离和背叛是短时性或瞬时性的，就在于人的生理属性的自我（本性人的自我）始终在紧紧地牵拉着这只风筝，每当飞得过高的时候便会毫不客气地把它拉回到地面的现实中来，这就使人类的精神世界始终处于半游离半受制的状态。

人类的悲哀正在于此，一半自由，一半不自由，一半归自己说了算，一半不归自己说了算。

精神世界的东西就是自己说了算的东西，你愿意怎么想便怎么想，这是自由意志的反映。

但现实中的本性人的自我却有很大一部分内容不归自己说了算，饿了就得吃东西，不想吃不行，肚子不允许；有尿就得撒出去，不想撒不行，膀胱不允许；对于自己想要的东西或不想要的东西，并不是想要的一定会成为你的，不想要的一定不会成为你的，这是因为条件和环境不允许。

这一点很像打牌，大家都想当赢家的观念属于精神层次，而你每次能抓到什么牌却是客观说了算，不归你自己决定；你每次出什么牌是主观说了算，归你自己决定。所以，打牌之所以人人都喜爱，就在于它是对人性结构与特点的一种游戏性体验，在打牌过程中每个人都可以充分体验到人生命运有一半归自己说了算，还有一半不归自己说了算。所以，打牌即是对人性和人生的一种集中体验、考验和模仿。

当自我进入精神层次之后，对于“人是什么？”的问题不再纠结于单一的答案，因为这时的自我已然进入了神的境界，对于人的观察视角已不再局限于简单的平面化和物理性的维度化，而是以客观与主观完全统一的视角看待人的问题，从而实现了“天人合一”的自洽与融合。

事实上，欲望动力心理学研究的主要内容之一便是“人是什么？”这样一个简单朴素而又一直未能给出准确答案的基本问题。不同的人以其不同的观察视角、生活体验和人生观念而对人做出了不同的定义，但不管哪一个定义都无法穷尽人的基本含义，无法准确划定人的概念的边界，其中把人按照物质与精神、主观与客观、人性与兽性不同视角和标准等分解开来似乎更能解释自我结构中的对立统一性矛盾。

卢梭认为：“人生来是自由的，但却无往不在枷锁中。”在漫长的欧洲中世纪黑夜里，人几乎完全被淹没在神的阴影之中，神性代替了人性，人成为神的奴仆。西方有上帝造人的信奉，中国有女娲造人的传说，都是在人的上面安置了一个超人的存在。自 14 世纪文艺复兴运动开始，在拨开了中世纪迷雾的阴暗笼罩之后，重新走上了人性回归之旅。

亚里士多德说：“人天生是一种政治动物。”所以，“他要么是一位超人，要么是一个鄙夫”，或者，“要么是禽兽，要么是神”。

这种把人分成两半的理论模型曾一度甚嚣尘上，一半是物质，一半是精神；一半是客观世界，一半是主观世界；一半是智能，一般是体能；一半是魔鬼、一半是天使；一半是自然，一半是社会。

其实，按照欲望层次理论来分析，人性结构是一种具有八个层次和八个方面的欲望魔方，随便旋转到哪一个方面上来看都具有不同的色调，不同的感觉，不同的体验。人绝不是用简单的二分法即可剖白和解释清楚的，每一种判断都仅仅说对了八分之一或四分之一，只有到了神性阶段，对人的认识才能达到八面玲珑的境界。

这说明人是一个生长着八个头、八张脸、八条腿的怪物，组合在同一个自我结构之中。马克思所谓人是一切社会关系的总和，涵盖了人的社会属性的多面性特征，但并没有把人的层次结构揭示出来，也没有把人的自然属性作为考察的重点内容。

我认为人格结构中的八个层次和八个属性才是人性的本质内容和核心内容，是自然属性（本性—生理性和物质性）、智能属性（感性、知性、情性、理性、慧性、神性）、欲望属性（意志、心理、意识、精神）、社会属性（动性）的有机统一。

人的八种本质属性决定了人所具有的八个维度，每一个人都逃不出这八个维度的阈限。

人的自我意识的复杂性也源于人的肉体及其活动被限定在有限的时空维度之中，而其意识和精神却不在时空维度之内，而仅受智能阈限这一个特殊维度的制约（有研究者认为人的智能只开发了 10%），所以，人在物质世界中是受束缚的，不自由的，我们每一个人都体验到和意识到了这种被束缚的苦难的遭遇，只有到了精神世界才能达到自由的极致。

这是一个令人向往的高度和境界。所以，人的自我总是朝着这个自由而美好的精神境界进发。

18 世纪法国思想家伏尔泰说：“上天赐给人两样东西——希望和

梦——来减轻他的苦难遭遇。”这里的所谓的希望和梦，其实就是人类所向往的精神世界，这种精神世界是自我意识或自我意志的绝对自由状态。

在物质世界上生存的自我所能获得的自由是非常有限的自由，而只有在精神世界中生存的自我所获得的自由才是绝对的自由。

自由意识或自由意志所构建的自由精神是无限制的，但把它分别放在本性欲望层次中、感性欲望层次中、知性欲望层次中、情性欲望层次中、理性欲望层次中、慧性欲望层次中就会产生某种利我的趋向性，就会遭遇某种限制。

这样，在这些较为低级的欲望层次上看，人的本质便是以趋利避害为目标的能动性活动者；而在神性欲望层次中，人的本质则在于以自由意志为目标的能动性活动者。

神性人是为逃避一切限制而产生的更高层次的能动的存在物，他们已经从自然的、社会的、物质的、情感的、理性的拘囿中游离出来了，其自我意识、自我意志已然达到并获得了完全自由的境界，所以，这时的人可以完全活在自己的心灵中，或者完全为自己的心灵而活着。由是观之，对“人的本质是什么？”的问题，其答案绝不是惟一的。处在不同的欲望层次中，对人的本质的理解也是不同的。

在神性阶段，人是为了摆脱肉体的被动性存在和社会情感的纠葛以及社会标准的制衡而试图寻找心灵超脱的精神主体，在经历和体验了一路劳顿和说不清理还乱的生存矛盾之后，对于包括肉体的捆缚、情感的纠缠和理性的枷锁的终极抵抗，产生了一种对现实中存在着的这个自我的厌恶与否定，于是在这种反作用力的冲击下，一种虚拟的超级的神性自我便诞生了。

这种神性的自我已经脱开了神经反应对自我存在性的物质观照，而完全进入了对自我存在性的意识关照和精神关照的高层境界之中。

神性人遵循意志自由原则，其所向往的世界是一个没有任何限制的世界，不因能力、条件、环境、肉体、生理、情感、理性等各种围墙的拘囿，而尽可以在自我意志空间中自由驰骋。

神性人追求的境界显得神奇而高远，忘我而脱俗，虚幻而多彩，坚定而执着。所以，神性人不再沉迷于世俗的势利，不再纠结于情感的倾向，不再困扰于理性的制衡。他们做任何事都拥有属于自己的信念或信仰，不轻易被五彩斑斓的人间万象所迷惑，不轻易被错综复杂的社会关系所纠缠，不轻易被喋喋不休的理性说教所左右。

神性人是超然物外的仙圣，是看破红尘的禅僧，是与世无争的道士，是随遇而安的智者。

神性人一般指那些“超然物外的人”“料事如神的人”“远见卓识的人”“先知先觉的人”“未卜先知的人”“鉴往知来的人”“神机妙算的人”“能掐会算的人”“有先见之明的人”“境界高卓的人”“超凡入圣的人”“看破红尘的人”“与世无争的人”“随遇而安的人”“异想天开的人”“谋虚逐妄的人”。

神性人的思想境界、精神境界超过常人，看问题的高度和角度与众不同，其中有的修成了正果，成为万流景仰的圣贤雅士，有的修成了谬种，成为匪夷所思的诞妄狂人。

八、动性境界：欲望力决定行动力

欲望不断帮助我们做出人生的选择，一旦选择了就要行动。所以，动性欲望必然驱动个体自我进入动性境界。忙碌并执着于这一境界中的人，可称为动性人。

动性人是以动性欲望为基础而建立起来的人格结构。动性人并非指头脑简单四肢发达的人，也非指患有好动症或癫狂症的人，而是指在特定欲望驱动下而甘于付诸行动的人，为满足欲望而行动是天赋的动物属性之一。

人类社会关系不是由内在的思想构成的，而是由外在的行动构成的。内在的欲望和内在的思想对外在的事物不能具有直接干预的作用，而只有行动才具有干预自然和干预社会的作用。

所以，动性人是自然和社会的积极干预者和践行者，也是自我欲望的展示者、暴露者、尝试者、执行者和兑现者。人类一切事务性活动都是经由动性人的推动而实现的。行动是人类欲望的动作性表达和满足性变现，也是人与物、人与事、人与人通过直接接触性动作而促其发生物理性改变的唯一途径。没有行动，这个社会将寂如死水，毫无声息。而正是因为有了行动，我们所面对的社会才如此热闹非凡，波澜壮阔，欣欣向荣，蒸蒸日上，生机勃勃。

而人类最好的行动是自由行动，最大的自由是行动的自由。但人类面对强大的自然力量、强大的社会力量和强大的内在生理驱动力量的多重作用下，不幸而被挤兑成了费尔巴哈的所谓“受动的存在物”，这使人一方面要受到自我意志的欲望力的驱动，一方面要受到自然理性的限囿，一方面还要受到社会理性的制衡。

但这一切并不能阻挡人类行动的欲望，因为还有一种超越这一切被动性的神秘力量——精神的力量在感召着人类的活动，从而使受动性变为主动性，并借助大脑意志的作用而转变为能动性。

人的能动性主要表现为人的欲望性，作为感性的存在物在欲望的驱动下首先成为一个受动体。但为了满足欲望，作为受动体的自我必然会感受到对于欲望驱动力的反作用力，从而使受动的自我依靠大脑意能的调节转而变成主动的自我和能动的自我。

这一通过欲望驱动力作用于自我而产生的反作用力，实现了自我由受动变能动、由被动变主动的一次华丽转身。

正是这一次转身才使人类开始充分发挥自我意能的优势，为欲望思考、为欲望行动，为欲望满足过程作出相应的体验和评价。通过思考而产生意识活动；通过行动而将主观变现为客观，并在变现的过程中激发了实践理性的诞生；通过体验和评价而确认自我与自然、与社会存在的各种矛盾关系，并为以后继续处理这些关系而激发了纯粹理性的诞生；同时，为了摆脱自我与自然、与社会的矛盾关系和理性限制而催生了自由精神与自由意志的形成。

从经济学上而言，个体的行动是解决自身欲望问题和自我救赎的劳动力，群体的行动是解决社会欲望问题和促进社会发展的生产力。唯有行动才能解决自我生活的现实问题，才能创造社会财富，才能改变自身命运和创造人类文明。这就要求人必须成为一个动性人才是现实的人、有用的人和富有创造力的人。

动性人具有很强的执行力或践行力，不但能够看到、想到、说到，也能够做到。他们做事雷厉风行，说干就干，不懒惰、不推诿、不依赖，不懈怠，勤快而不辞辛苦，勇敢而不畏艰险，聪明而不甘寂寞，他们脚踏实地，毅力顽强，敬业负责，勇于担当，在困难面前他们是战士，在强者面前他们是斗士，在危机面前他们是勇士，所以，动性人是欲望催发的征驾，自我意志的信史，生活命途的强者，社会进步的车轮。

动性人遵循天道酬勤原则，认为人生的一切成功都来自于行动，唯有行动才能改变自身命运。

动性人一般是指那些“雷厉风行的人”“行动果决的人”“想干就干的人”“说到做到的人”“闻风而动的人”“富有执行力的人”“脚踏实地的人”“身体力行的人”“埋头苦干的人”“艰苦奋斗的人”“勇于拼搏的人”“敢打敢冲的人”“行胜于言的人”“率先垂范的人”“勤快的人”“认干的人”。

动性人是被欲望支配的人，而由知性、情性、理性和慧性支撑起来的自我意能决定了动性人的行动方法和策略。所以，仅受欲望支配而缺乏理性意志和慧性意志指导的动性人是愚蠢的人，只有借助足够的自我意能而行动的动性人才是聪明的人和智慧的人。我们每个人都是动性人，但为哪一个层次的欲望而动，用什么水平的意能而动，则决定了整个人生的高度和境界。

本性人、感性人、知性人、情性人、理性人、慧性人、神性人、动性人既体现了欲望的八个层次，也体现了人生的八种境界，每一种层次或境界都具有不同的属性，将这八大属性全部合成一体方为人性。自古以来，人们对于人性问题之所以说不清理还乱，就在于人性这个概念是一个多维概念，从任何一个层次、一个维度或角度上说起来似乎都对，但又总是显得不全面，不到位，而只有从我如上所述的八个方面进行俯瞰式扫描，总括式解说，才能洞察人性的内在结构方式及其所涵盖的基本内容。

人性既体现了人在成长过程中必然经历的由低级而高级的递升过程，也体现了每一个人所具有的复杂的人格结构特征。即便是递升到较高层次、较高境界的人，其骨子里也摆脱不掉低级层次和低级人格的桎梏与掣肘。

成熟而高级的人性结构必须有赖于感性、知性、情性、理性和慧性的制衡而实现内环境与外环境的适应与协调。

所以，每一个人都具有多重人格。每一重人格在特定的环境中都可能会不同程度地暴露出其特定欲望层次的基本特征。

即便是身份再高贵的人、境界再高超的人，在某种特定的环境中都可能会暴露出其自然本性的一面、感性的一面、知性的一面、情性的一面、理性的一面、慧性的一面或神性的一面，究竟哪一重人格占据上风，则根据个体自我的修养程度、内在条件和外在环境的刺激或激发等因素决定的。

我们通常说某人是一个“很本性的人”“很感性的人”“很知性的人”“很情性的人”“很理性的人”“很神性的人”，其实就是指他在某方面的人格结构上表现得更突出更明显一些，但并不意味着这个人仅限于此一层次或此一境界而不具备其他层次或境界的内容。

特别是进入社会以后，人格矛盾越来越突出。一个平时交情不错的人在某个特定环境中也可能会翻脸不认人，一个平时忠诚可靠的人在某个特定环境中也可能会变节投敌，这就意味着不同的环境条件会使一个人的人格结构发生变异，甚至判若两人。

这说明所有人的人格结构机理都是一样的，内中都包含着八个维度和八种属性，究竟在你面前会暴露出哪一种人格属性，往往与特定的环境条件在其内在人格结构中所激发的矛盾冲突有关。

事实上，我们每个人几乎每一天都面临着这种内在人格结构的冲突，这也是一些人经常会表现出阳奉阴违、心口不一、变化多端的根本原因。在这种冲突之下，让一个人常年保持言行一致、操守如一则何其难也。

所以，如何认识自我、提升自我、为自我定位、让自我更好地融入社会则成为每个人逃避不开也必须加以认真处理的根本矛盾之一。

后 记

当我创作完成《欲望动力心理学书系：欲望的世界》这一百多万字的书稿之后，疲倦地打上最后一个句号时，心情倏然感受到了一种莫大的轻松和解脱。好像从此以后，我终于从欲望的世界里逃离出来，再也不必为人的欲望问题而焦灼和纠结了。

要知道，我在整个前半生的五十多个年头里，差不多每一天都被各种各样的欲望包围着，蛊惑着，困扰着，差不多每一天都有自己的欲望与别人的欲望交叠在一起，纠缠在一起，振荡在一起，搅得我心乱如麻，躁动不安，压得我常常喘不过气来，笑不出声来。这也许是我决定把欲望这根硬骨头啃烂嚼碎的原因。现在是啃完了，嚼完了，似乎也到了该向欲望告别的时候了。

想到本书系的写作过程，与其说是一种创作，不如说是一场修炼。但真正修炼到彻底告别欲望的程度，目前似乎还真是做不到。因为我们都活在欲望的世界里，在欲望的世界里兀兀穷年，疲于奔命。欲望是伴随人生之始终的魔咒，你不从这个世界上灭失，它就一直缠着你不放。不论你，不论他，不论我，任谁都不能幸免。

不过，我想大概也不必如此悲观。我们正是因为每天都活在欲望的世界里，每天都受到欲望的驱策，才使得我们活得有声有色、有滋有味、有情有义，才使得我们不断参与社会的合作与竞争，才使得我们不断追求人生的幸福和满足，才使得我们不断寻求和感受人生的意义之所在。

关于人类欲望问题，几乎每一位哲学家和心理学家都或多或少地做过程度不同、角度不同和观点不同的讨论。但到目前为止，基于我个人的阅历所限，还没有看到任何一部长篇大论和穷原竟委的专著。本书系的写作经历了八年的时间，我为此也付出了不少精力和代价，如能引起相关领域的专家和学者给予热心关注、支持、赞导和批评，我将足以欣慰并感戴不尽。

这里还需要特别说明的是，为了阐述问题起见，我还在本书系中绘制了上百幅图片，试图对一些抽象、玄奥、高深的欲望问题做出形象化和视觉化的解读，其效果如何相信读者诸君会看得明白。其中也有个别几幅引自于网上现成的图片，这几幅图片连同内文中引用和借鉴的一些专家或学者的优秀理论观点，对于我阐述欲望问题起到了很好的启发作用和支撑作用，由于无法与作者取得联系，我对此深感不安，并致歉意。如日后有机会取得联系，我将合理支付报酬，表达我对他人劳动成果的理性尊重。

另外，鉴于近年来国内学术环境和图书市场出现的一些乱象，让我产生了一些令人尴尬的联想。所以我不得不在此做出一个简短声明：本书系为原创作品，凡引用本书系观点，敬请注明出处！本书系作者愿意看到正当的学术讨论、引用或翻译。凡未合理注明出处的，或对本书系内容进行改写并将本书系观点当作自己的观点进行发表的，将视为抄袭或篡改。一经发现，将追究其法律责任。

本书系虽为学术专著，但考虑到内中所阐述的欲望事件与每个人的一生都息息相关，所以，在写作手法上，我尽量避免使用高深的专业术语，力求把问题阐述得简单浅近，通俗易懂。所以，本书系既适合有志于从事心理学领域研究工作的同仁作学术讨论之用，也适合那些拥有普通学历的心理学工作者、心理咨询师、教师、大学生、一般爱好者或为自我心理问题长期受到困扰的人士阅读，但愿每个人都能从中受益。

作 者

2017 年 4 月于北京

张振学

1962 年生，辽宁人

做过教师，记者，编辑

出版过多部社会科学类著作

作品多次荣登全国畅销书排行榜

后常年从事欲望心理学研究工作

创建了欲望动力心理学

欲望层次心理学

欲望场心理学

质能结构主义心理学

以及现代量子心理学理论

首开上述理论领域研究之先河

扫描下面微信二维码可直接与作者取得联系